相知相伴葡萄酒

Entender De Vino

[西] 卡洛斯·法尔考 著

撖其籍 译

中国电力出版社

CHINA ELECTRIC POWER PRESS

图书在版编目（CIP）数据

相知相伴葡萄酒／（西）法尔考（Falco, C.）著；撒其籍译. —北京：中国电力出版社，2014.1

书名原文：Entender De Vino

ISBN 978 - 7 - 5123 - 4169 - 2

Ⅰ. ①相… Ⅱ. ①法…②撒… Ⅲ. ①葡萄酒 - 普及读物 Ⅳ. ①TS262.6 - 49

中国版本图书馆 CIP 数据核字（2013）第 045991 号

Ilustraciones del interior：© Santiago Boix

© 1999, 2010, Carlos Falcó y Fernández de Córdova

© 2010, Ediciones Planeta Madrid, S. A.

北京市版权局著作权合同登记号：01 - 2012 - 3889

相知相伴葡萄酒

中国电力出版社出版发行

北京市东城区北京站西街 19 号　100005　http://www.cepp.sgcc.com.cn

责任编辑：苏慧婷

责任校对：王小鹏　责任印制：邹树群

北京盛通印刷股份有限公司印刷·各地新华书店经售

2014 年 1 月第 1 版·2014 年 1 月北京第 1 次印刷

700mm×1000mm　16 开本·15.5 印张·204 千字

定价：**59.00** 元

敬告读者

献给我的孩子们：马努艾尔、桑德拉、塔玛拉、杜阿尔特和阿尔达拉

相知相伴葡萄酒

Entender De Vino

感谢

感谢我聪明高效的助手谢法蒂玛，没有她的努力和支持，这本书不可能问世。

感谢玛丽·卡门·冈萨雷斯，为我完成电脑录入及数据整理工作。

序

很少有人能像卡洛斯侯爵这样深谙葡萄酒文化，也很少有著作如本书，能作为今天的我们学习葡萄酒基础知识的教科书。

作为一位极具声望的葡萄酒专家，卡洛斯侯爵的这本书在短短四年时间里已经发行了十余版。这本书每天都在吸引着越来越多的人去认识葡萄酒。

葡萄酒工艺专家卡洛斯·法尔考（Carlos Falcó）先生不仅是西班牙最重要的葡萄酒酒庄庄主、葡萄种植和酿造方面的国际权威人士，更是葡萄酒产业的革新者。与此同时，他还是卡斯蒂亚-拉曼恰大区美食协会主席和西班牙美食协会副主席，他非常了解美食的乐趣所在，并以优雅和恭敬的心传播美食文化。

因此，值得庆祝的，不仅是这本书在出版发行上的成功，为了使日益众多的普通人了解葡萄酒世界，这位葡萄酒专家的贡献尤为可敬。

蕴含传统与创新的融合，体现乐趣与知识的积累，葡萄酒文化如此深厚，回顾种植酿造的历史，我们甚至可以追溯人类文化。但同时，这个古老的产业也为当今很多家庭提供了经济来源，在卡斯蒂亚-拉曼恰大区甚或西班牙其他地方，它既创造了物质财富，也保护了生态环境。

从千年之前的第一片葡萄园、第一批储酒瓮，到今天精美酒具中的醇香美酒，葡萄酒不愧为伟大的农产品，世俗地讲，它扮靓了乡野景色，优化了食物结构，丰富了建筑形式，成为了宗教象征和文学、艺术元素。

相知相伴葡萄酒
Entender De Vino

　　有太多理由，使得认识葡萄酒、探讨它的历史发展、辨识不同品种、欣赏其色泽和口味，成为关乎我们切身利益和生活品质的事。但是，缺少了基础知识和大师指点，品味、分辨乃至评估葡萄酒价值将是一件很困难的事。

　　因此，卡洛斯·法尔考先生为我们提供了一本很好的参考书。他的睿智和给予我们的信任，使我领导的卡斯蒂亚-拉曼恰大区，欠下他很多人情债。他把这块世界上最大的葡萄园变成了生态优美的园林，更成了充满机遇的地方。现在，他又给予我如此殊荣来为本书作序，我个人因此而欠他更多。

　　谨在此表达我的祝贺与感激！

　　我深信，这本书会让原本不懂葡萄酒的人发现它的妙处并享受它；也会让初学者或专家有所收获，这真是一本风趣实用、值得所有人推荐和喜爱的著作。

何塞·博诺·马丁内斯

西班牙众议院议长

自 序

　　30年前，我决定在卡斯蒂亚-拉曼恰——请允许我向米格尔·塞万提斯的不朽作品《堂吉诃德》致敬——酿制庄园葡萄酒，尽管我知道这将是漫长而曲折的冒险之路。如同考古学家卡特和他的资助者罗德·卡尔纳冯勋爵走进图坦卡蒙的陵墓，我感觉自己正悄悄走进西班牙千年文化的精髓，它将是一个魔幻般充满激情的世界，而不仅是农艺领域的新体验。时间证明，一切远远超乎我的想象。

　　这一点似乎能从某个角度说明本书为何如此畅销：从三年前出书到现在，已发行十余版。历史已沧桑巨变几个世纪，而我们生活的当下，变化似乎更快，须臾间，经天纬地之大变故不胜枚举。至于我种植葡萄的开端，首先要感谢卡斯蒂亚-拉曼恰大区政府的政策——他们制定了一项欧洲范围内最具智慧、最富创新的葡萄种植政策——和农业部，我的第一片葡萄园、位于托雷多的瓦尔德普萨庄园，成为地区和国家范围内，首个获得原产地认证的"finca"或"pago"（译者注：庄园）。最近这些年，西班牙涌现出一大批优秀酒庄，享誉国外。同时，医学界也进行了大量调查研究，证明适度饮用葡萄酒有很好的保健功效。有关研究的最新成果是本书不可或缺的内容，它们涉及面广且内容丰富，我会在后面章节专门论述。

　　8000多年前，人类在高加索山脉学会酿制葡萄酒，自此，这门艺术不断传播，它穿越美索不达米亚平原和埃及，甚至到达印度和中国。但毫无疑

相知相伴葡萄酒
Entender De Vino

问的是，正是在地中海地区——西方文明的摇篮——葡萄酒从简单的饮品和食物变成美食艺术的基本元素，甚至以一种超自然的能力扩展了其他食品、乃至人类的生命。之后，从国王到农夫，从哲学家到商人，从裁缝到妓女，从牧师到士兵，从职员到工人都渐渐爱上了葡萄酒，他们在这魔幻般的气味里，相爱、争斗、欢笑、疗伤。

葡萄酒和人类文化水乳交融，就像葡萄与树。回顾其漫长发展史，就会发现几乎在所有重大事件中，葡萄酒都是不可或缺的，无论政治集会还是宗教活动，航海探险还是陆路远征，盛世庆典还是民俗节日，也无论是达官贵人还是山野村夫。

基于此，起源于古希腊罗马，又融入基督教的葡萄酒被一致视为众神之爱和宗教仪式的一部分，葡萄酒和葡萄则被当作生命和重生的象征。这样，几个世纪后，葡萄酒在中世纪修道院度过艰难时刻，而它的关键信息也随传教士和侵略者到达大洋彼岸。

20世纪，主张打破旧传统的人，几乎要把葡萄酒打入毒品的牢狱。但新世纪来临之际，人们对生活质量的关注，不仅洗刷了葡萄酒的冤屈，更使它成为21世纪备受推崇的生活元素的象征：节制、对话、容忍、健康、生态、历史、文化旅游和精神愉悦。

无论欧洲传统酿制国家，还是所谓新世界国家（美国、澳大利亚、新西兰、智利、阿根廷和南非），如今的葡萄酒都以卓越品质回应了消费者的新需求：在几千年发展史上，从未出现品质如此超群、类型如此众多的葡萄酒，也未获得如此全面、丰富的葡萄品种、种植区域和葡萄园微环境、酒庄及酿酒工艺的知识，更没有人对每种葡萄酒的香气、口味和食物搭配认识如此之深。可以毫不夸张地认为，正如不同时期各类艺术交替发展一样，葡萄酒酿制及其鉴赏迎来了真正的黄金时代，对于全世界五大洲不断增多的葡萄酒爱好者来说，这无疑是件幸事。

　　美酒值得精心储藏，恰当享用，还要配以能提升口味的菜肴。最重要的是大家坐下来享受美酒的同时，还可以分享它或悠久、或短暂的历史，以及有它带来的乐趣。本书的初衷，正是要帮助推广——尽可能避免技术层面的——葡萄酒文化的全部知识，使阅读本书的人，不仅能最大限度领略葡萄酒带来的感官享受，还能体验探讨专业知识带来的心智增长，如光照、水、土壤矿物质、葡萄DNA以及葡萄酒保健功效的原理，等等。

卡洛斯·法尔考

中文版序

　　几年前，一支来自鲁能集团的高层领导团队考察了我们位于西班牙历史首都托雷多（近马德里）附近有着悠久历史的葡萄酒庄园。

　　作为一名有着三千年历史的领先葡萄酒生产商，他们对这种已成为我国遗产一部分的天然饮料——葡萄酒的兴趣和知识给我留下了深刻的印象。

　　我一直仰慕着中国美食及其与葡萄酒的美妙协同关系，能与鲁能集团合作开发中国市场对我们葡萄酒庄园来说是一个难得的机会。

　　出版这本西班牙最畅销的葡萄酒书籍被视作我们双方合作重要的第二步，鲁能集团对原始文本翻译和改编的参与功不可没。

　　我相信，鲁能集团在过去三年中的努力将帮助中国的美食爱好者寻找新的机会，享受他们喜欢的及与今天市场上所提供的多种美妙葡萄酒搭配的美食创意。

　　祝愿大家身体健康！

卡洛斯·法尔考

目　录

序
自序
中文版序

第1章　千年传奇　　　　　/ 1
起源　　　　　　　　　　　/ 2
葡萄酒与诸神　　　　　　　/ 3
葡萄酒帝国　　　　　　　　/ 6
艰难时期　　　　　　　　　/ 7
跨洋传播　　　　　　　　　/ 8
两种葡萄酒　　　　　　　　/ 9
地中海葡萄酒霸权　　　　　/ 11
中欧葡萄酒的胜利　　　　　/ 14
20世纪革命　　　　　　　　/ 14
干涉主义与自由发展　　　　/ 16
葡萄园风光　　　　　　　　/ 18
优秀葡萄酒和建筑　　　　　/ 21

第2章　葡萄酒与健康　　　/ 25
希波拉底的贡献　　　　　　/ 26
法国悖论与丹麦研究　　　　/ 27

相知相伴葡萄酒

Entender De Vino

目 录

流行病学研究 /30

生化原理 /36

葡萄酒中的酒精 /37

葡萄酒多酚 /38

保护心血管的功效 /41

抗癌作用 /42

脑损伤 /43

什么叫作适量饮用葡萄酒 /44

第3章 葡萄 /47

葡萄树 /48

葡萄品种或血统 /48

西班牙佳酿所用品种 /53

单一品种还是混酿？ /61

两个历史"品种" /62

小维铎：西班牙—罗马葡萄

品种可能的幸存者 /63

酒庄葡萄酒：欧洲传统 /64

第4章 人们的工作 /69

传统种植VS"现代种植" /71

葡萄采摘 /72

目 录

酿制 /74

陈酿 /78

澄清、过滤、装瓶、贴标和瓶陈 /81

第5章 无边无际的万花筒 /83

第6章 葡萄酒与陈年时间 /103

第7章 家庭酒窖 /107

正确的储存方法 /109

酒窖构成和面积 /112

原产地 /113

葡萄酒类型 /113

酒窖目录 /114

第8章 葡萄酒购买指南 /117

从哪里买酒 /119

葡萄酒运输 /123

第9章 葡萄酒与餐厅美食 /125

和谐 /126

相知相伴葡萄酒

Entender De Vino

目 录

葡萄酒及其配菜的关系 / 141

第10章 葡萄酒侍酒 / 167
侍酒温度 / 168
饮用温度 / 169
软木塞 / 171
酒杯与酒瓶 / 179

第11章 品酒 / 193
品酒过程的各阶段 / 197
视觉阶段 / 197
嗅觉阶段 / 200
味觉阶段 / 204
品酒表 / 207
高品质葡萄酒 / 209

第12章 在餐厅里 / 213
酒单 / 214
侍酒 / 216

第13章 如何读懂酒标 / 219
酒标 / 221

第1章　千年传奇

起 源

————————●————————

如果在某处遗址发现一定数量的葡萄种子，考古学家就把这样的地块认定为葡萄园。

据考证，最早的葡萄种植起源于8000多年前的高加索山脚下，在这片曾经的古希腊领土上，野生葡萄树和月桂树遍布于美丽的山坡。这里就是罗马人所说的"世界尽头"。

那时高加索山附近的居民酿制的葡萄酒，就已经能和公元前5000年的相媲美了，尽管葡萄种植只能向南方延伸，一直到达肥沃的美索不达米亚平原。公元前18世纪末，古巴比伦国王汉谟拉比的《法典》详细记载了葡萄种植和葡萄酒贸易：从中亚向东一直延伸到印度和中国，向西则穿过亚美尼亚和叙利亚，到达了地中海—这块酿酒业发展最为蓬勃的地方。公元前第二个千年伊始，迦南国（今黎巴嫩和以色列）、法老埃及和克里特文明已对葡萄酒酿制和存储技巧有了深刻认识。如图1-1所示。

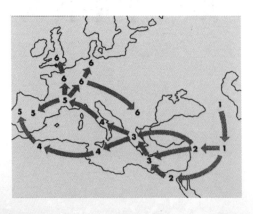

图1-1 葡萄种植从其发源
地向外扩张的简图

3000 多年前建立加的斯港的腓尼基人以中东地区为基础，不断扩充，葡萄种植和酿酒技术随之向西方不断延伸、不断完善。公元前 5 世纪，希腊人在 Ampuria 和 Rosas（加泰罗尼亚）种植葡萄，今天，这里的地中海美食殿堂 El Bulli 餐厅里的葡萄酒酒单，默默地向当地 2500 年悠久的葡萄种植史致敬。

实际上，享有"医学之父"之称的希波克拉底开出的药方，都曾推荐不同种类的葡萄酒。伟大的希腊哲学家们对此大加赞扬。我们不妨看一下苏格拉底的原话："葡萄酒能够使我们振奋精神，缓解焦躁……激活我们的快乐，就像为短暂的生命之火添加燃料。浅斟小酌，就像给我们的肺腑滴下清晨的露水……这样就能引领我们达到欢乐的彼岸，而不使我们丧失理智。"

希腊人的葡萄酒文化博大精深：他们创造了无数精美绝伦的青铜、陶瓷、玻璃酒具；几乎在所有地中海城市遗址中，都能找到他们制作的优雅的"kilix"（"高脚杯"一词的起源）。

葡萄酒与诸神

葡萄酒与宗教的密切关系，正说明了它对地中海古代文明的深刻影响。

在古埃及，啤酒是比较普遍的饮品，而葡萄酒相对稀少：只有法老和特权阶层才能享用，尤其是牧师祭神时。埃及神话把它和太阳神拉（Ra），以及冥王奥西里斯神联系在一起。图 1-2 呈现的就是埃及葡萄采摘场景。

在古希腊，酒神狄奥尼索斯是古老神话的重要组成部分，他也被奉为植物之神和丰产之神。同时他既是宙斯的儿子，又是不死之神，这种双重

图 1-2　埃及坟墓中出现的葡萄采摘图

身份使他很容易接近人间生灵；而传说中他的血就是葡萄酒，这样的信仰为几个世纪后基督教接受葡萄酒奠定了基础。另外，狄奥尼索斯的节日正是希腊戏剧的起源，也是我们今天视听世界的起源，他在古希腊文化中的重要性可见一斑。

　　在吕底亚（土耳其的地中海海岸），罗马人称狄奥尼索斯为巴克斯，并将它塑造成诸神之中最知名的。酒神节和希腊所辖帝国节日的起源是一致的，尽管某些朝代被禁止，但由于人们对酒神的热爱，它还是以狂欢节的形式存在至今。如图 1-3 所示。

犹太人对于葡萄酒的热衷是其宗教的基础。莫伊赛斯派遣的信使所带的信物，就是一串巨大的葡萄，须由两个人抬着。从那时起，葡萄酒就成为了所有节日和犹太人庆典的主角。

因此我们不会奇怪，为什么拿撒勒人耶稣在其政治生涯伊始，就在迦拿的婚礼上把水变成了葡萄酒，并在卸任晚宴上，将葡萄酒提升到圣礼的高度，这些都帮助葡萄酒穿越中世纪的黑暗时刻存留下来，并在之后通过信使之手漂洋过海。

图 1-3　罗马镶嵌砖拼图，赞颂美酒醇香

葡萄酒帝国

————————●————————

　　从公元前 2 世纪开始，罗马人从希腊人手中接过接力棒，并凭借卓绝的组织才能，再次推动了葡萄种植的发展。他们利用几个大河（埃布罗河、多罗河、塔霍河、瓜地亚纳河）流域，在伊比利亚半岛内陆开垦种植葡萄树。曾有几位伟大的罗马作家撰写了一系列农业专著，其中关于葡萄种植最有价值、涵盖内容最广的，当属公元 1 世纪加的斯人哥伦梅拉的专著《De Re Rustica》。

　　哥伦梅拉在书中极具预见性地提出："农业中，葡萄种植的利润最高，但有人并没得到相应回报。""原因——他解释——是葡萄种植很流行，人们只管种葡萄，从来不考虑土地的承受能力和葡萄的生长需要，而且没有为种植做好充分准备。结果，枝桠剪坏了，葡萄园由于过度种植而贫瘠，只能生产出质量低劣的葡萄酒，于是他们问，为什么他们的葡萄种植如此失败"（我们身边很多新的酒庄主都该重读这篇文章）❶。

　　哥伦梅拉认为，罗马的优质葡萄园每公顷产酒量应在 6000 公升（这个量比现在波尔多的高一些，是现在西班牙平均产量的近 2 倍）。他还建议在葡萄树两边搭起支架，在支架中种植葡萄，两边留出过道（这应该是最早描述葡萄搭架栽培的文献）。在法国博若莱和赫米塔兹，保存有罗马人公元 1 世纪种植的葡萄园，如今仍沿用这一方法。罗马人非常明白排水系统对葡萄质量的影响。维吉尔认为高地比平原更适合种植葡萄，最好是杂石丛生的土地。如果不是这种土地，他建议在地里埋几十块石头或贝壳，

————————————————————

❶ Hugh Johnson, *Vintage, the story of wine.*（作者注）

最近我的好友 Piero Antinori 在他著名的托斯卡纳葡萄园（Tignanello）里用到了这个方法。

曾有一款西班牙葡萄酒非常受欢迎，诗人玛提亚尔（Marcial）（虽然他和其他诗人一样，贫穷潦倒，却钟情于昂贵的酒）曾对它赞不绝口。这款酒就是 Ceretanum。罗马人古老的 Ceret 就是今天的赫雷斯**❶**，有人推测 Ceretanum 即雪莉酒的前身。

无论如何，罗马时代的伊比利亚葡萄园非常重要：在西班牙南部地区，它的葡萄种植技术和酿酒传统（修枝、采摘、发酵中使用大桶）一直沿用至 20 世纪，其间只有细微变化。

除了西班牙，罗马地区的人们不断努力，推动葡萄种植穿越法国罗纳河谷(今天波尔多非常重要的地区)，一直延伸到德国莱茵河和摩泽尔山脉，以及中欧的多瑙河地区。

艰难时期

随着罗马帝国的衰亡，葡萄酒度过了最艰难的时期。

侵略地中海的北欧人，他们来自中欧雾气弥漫、阴冷潮湿的森林，啤酒是他们的最爱。

漫长黑暗的中世纪，基督教仪式赋予的超自然力量，是葡萄酒得以生存发展的关键因素。牧师们，尤其是伯纳多于 1120 年建立的西多会的修士们，以罗马式修道院为中心，创立了一种新的葡萄酒文化，涵盖了勃艮第和杜埃罗河岸边界地区。在下一个地区，多罗葡萄酒获得

---

❶ 译者注：西班牙西南部安达卢西亚嘎的斯省的城市。

相知相伴葡萄酒

Entender De Vino

了卡斯蒂亚王室的青睐。19世纪，鲁埃达地区和同一河流的 Riberas Altas 地区，也就是今天的杜埃罗河岸产区，后来居上，酿造出品质更好的酒。

跨洋传播

　　从攻克格拉纳达（Granada）和发现新大陆开始，西班牙人缔造了当时最强大的帝国。和之前的腓尼基人、希腊人、罗马人一样，西班牙人先后将葡萄酒和葡萄树带到了美洲。拥有优越地理位置和地中海式气候的国家，如智利和阿根廷，获益颇多。后来于18世纪，马略卡修士（Junipero Serra）又把它带到了加利福尼亚。

　　与此同时，荷兰和英国殖民者也把欧洲葡萄种植带到了南半球另外两个地中海气候的国家，分别是18世纪的南非和19世纪末的澳大利亚。这些国家用西班牙葡萄品种（帕拉米诺和佩德罗希梅内斯）来生产雪莉酒以及一些日常餐酒 [歌海娜、莫纳斯特尔（法国称慕合怀特，澳大利亚称马塔罗)和阿里坎特]，随后逐渐使用越来越多的法国和德国品种。19世纪初，美洲独立后，智利、阿根廷和加利福尼亚延续这种趋势，他们的葡萄种植文化也摆脱了宗主国的约束，获得了极大发展。

两种葡萄酒

从埃及法老、罗马或波斯皇帝华丽的庆典，到马德里王室、华盛顿白宫今日的宴请，葡萄酒总是出现在权贵的饕餮盛宴中。在地中海国家，葡萄酒一直是人们最主要的饮品，它经济实惠，有时甚至比水还便宜，适合所有阶层消费。酒神节从希腊文明诞生持续到公元 5 世纪，之后，狂欢节又作为它的延续，从中世纪前期持续到今天，而葡萄酒一直都是这个重要节日不可或缺的主角。

原因很简单：地中海气候的特点是，冬春温和潮湿，夏秋炎热干燥。葡萄树非常适应这种气候条件：冬天叶子凋谢，树干可以好好休息，夏秋两季，枝桠尽情吸收普照的阳光。低于零下 20℃，葡萄树就会冻坏。

相反，在中欧、北欧和世界其他大陆性或大西洋气候的地方，夏秋两季比较潮湿。由于缺少充足阳光，除非在陡峭斜坡上，葡萄种植必须使用藤架，而且要不断剪枝，导致葡萄种植成本很高。

但失之东隅，收之桑榆。北方秋冬季节的低温却有利于采摘和发酵。中欧和北欧森林中橡木资源很丰富，罗马人教会高卢人种植葡萄，不久后他们就开始使用橡木储酒。长时间的橡木桶陈酿需要低温和潮湿的自然环境，而这正是北欧国家具备的。几个世纪以来，地中海地区一直在使用希腊罗马式陶罐，它是炎热气候下最经济、最适宜、也最耐用的器皿。

截然不同的气候条件造就出的是两种特点迥异的葡萄酒。至今酿制雪莉酒使用的晾晒葡萄的方法，就是古代地中海地区很流行的工艺。这里的葡萄酒存放时间久（防止葡萄酒氧化，要是在炎热气候下，这样存放会很

危险），味偏甜（大量糖分残存的结果）。在北方国家，过去因为在橡木桶里陈酿，葡萄酒酒精度低、酸度高、水果味更浓。图 1-4 展示了加工过程中的去梗环节。

图 1-4　D'Armailhacq 绘制的梅多克（波尔多）地区手工去梗图

　　从逻辑上讲，北方国家的人更珍视葡萄酒，因为它是一种稀缺昂贵的商品。今天，通过比较欧洲北部较为谨慎和南部较为随意的开瓶方式，你仍可以看到二者间的差别之大。

地中海葡萄酒霸权

从古希腊时期到 18 世纪，地中海葡萄酒更加流行。希腊人、罗马人和后来的英国人非常喜欢白葡萄酿制的、口味偏干或偏甜的强化葡萄酒❶。中世纪的北欧，每年都消费大量的莱茵河白葡萄酒和波尔多红葡萄酒，但是他们对塞浦路斯或希腊的马尔维萨高度白葡萄酒情有独钟。由于运输成本高，这种酒非常昂贵，但人们仍愿意多花钱。而且它更易长期存放，这也是葡萄酒自身最吸引人的地方。

随着东地中海土耳其人的入侵，15 世纪，这种葡萄酒的生产工艺开始向马拉加和加纳利（莎士比亚非常欣赏加纳利的白兰地酒）传播，于是新的地中海葡萄酒出现了，它就是雪莉酒。再后来，17 世纪末，其他偏甜或偏干的葡萄酒，如马德拉酒和波特酒（波尔图酒）开始流行起来。这些酒在发酵结束时添加了烈性酒，因此酒精度偏高。图 1-5 和图 1-6 是采摘和品酒的图景。

这些酒都属于占据主流地位约 3000 多年的强化葡萄酒（白兰地）的成员。它们，以及波尔多或莱茵河葡萄酒，还有干邑酒，其产区都集中在地中海气候带炎热地区，而且都在海港附近。因为在当时，葡萄酒出口只能通过海运方式完成。

---

❶ 专有名词，指通过添加烈性酒来提高酒精度的葡萄酒。

图 1-5　15 世纪记载采摘场面的微型画

图 1-6　15 世纪描绘品酒场面的版画

中欧葡萄酒的胜利

————————●————————

17 世纪末 18 世纪初，英国市场上出现了一批品质超群的葡萄酒：因 1855 年拿破仑三世钦点而一跃成为波尔多一级特等酒庄的酒。1707 年，Haut Brion，Latour，Lafitte 和 Margaus 酒庄已在伦敦酒吧名噪一时。18、19 世纪期间，在欧洲出口商重点目标地区——盎格鲁撒克逊市场，波尔多红葡萄酒逐渐兴起。19 世纪末，法国相继出现了白粉病、根瘤蚜虫病和葡萄霜霉病，这使得当时名不见经传的里奥哈地区有机会采用法国技术，使用当地葡萄酿酒。当 Muurrieta 和 Riscal 侯爵成立自己的酒庄时，西班牙巴利亚多里德人 Eloy de Lecanda 先生，开始在 Vega Sicilia 酒庄酿酒，而且它也像 Riscal 酒庄一样，使用西班牙和波尔多品种（赤霞珠为主）混酿，这种工艺传承了近 1 个世纪，取得了令人瞩目的成就，Miguel Torres 酒庄就是例证。但西班牙酒，很快就体现出不同于法国酒的特质，因为它的桶陈时间更长。

20 世纪革命

————————●————————

20 世纪，葡萄酒生产及贸易经历的变革可谓翻天覆地，甚至超出过去 4000 年的总和。这场始于技术创新的变革，随着通信、旅游和市场全球化的发展而加速。

60 年代，技术革命从加利福尼亚酒庄开始。原本只有气候寒冷区才能生产的口味柔滑的餐酒，使用不锈钢发酵罐之后，地中海地区也能生产了。所有生产步骤：葡萄种植、陈酿、存储、装瓶、运输，都发生了深刻变化，如使用新橡木桶、在酒窖安装空调设备、使用惰性气体和抗氧化剂等新措施，都发挥了重要作用。

加利福尼亚葡萄种植的崛起，打破了欧洲优质葡萄酒长达几千年的垄断。20 世纪 70 年代起，欧洲葡萄酒在北美市场的份额开始下降，如今，加利福尼亚葡萄酒份额甚至占据了压倒性多数。

80 年代，酿酒技术长足进步，澳大利亚人开始种植葡萄，其种植文化也迅速发展。北美和澳大利亚研究者，颠覆了欧洲人公认的准则：只有贫瘠低产的葡萄园才能产出好葡萄酒，从公元前 1 世纪的作家哥伦梅拉，到今天的欧洲葡萄种植者、酒庄主和酿酒师，人人都将此奉为圭臬。但是，一个不容置疑的事实是，有了滴灌和树形管理技术（或称叶幕管理），西班牙强日照地区的葡萄酒产量大幅提高，亩产甚至比干旱地区高出 6 倍，葡萄酒质量相当甚至更佳，而且还具有机械化剪枝和采摘的优势。

与加利福尼亚不同的是，澳大利亚人的目标不仅限于已经占领的本地市场，更瞄准了消费高档葡萄酒的欧洲市场、传统出口地美国，以及新兴的东南亚地区。他们运用欧洲传统酒庄未能充分利用的方法：市场营销。不同市场的葡萄酒种类、价格战略、营销方式和分销渠道都自成体系。新技术的运用赋予葡萄园和酒庄更大的灵活性，使他们以"市场导向型葡萄酒"不断满足挑剔的城市消费者。

欧洲垄断——它自己的市场——土崩瓦解，90 年代的新入侵者和澳大利亚人的战略一样：从 19 世纪末开始，新西兰、智利、南非和阿根廷，也加入了攻占欧洲市场的行列。

如果这一切都还不够的话，那么还有——城市消费者日益富有，信息量不断扩大，要求也越来越高。而南欧传统葡萄酒生产国，如欧洲乃至世界

前三大葡萄酒产地法国、意大利、西班牙,都因不能与时俱进而逐渐失去市场。

很明显,面对时尚理念,如生活质量、文化、生态和健康,今天的葡萄酒市场正快速从初级产品市场向品牌产品市场转换。在互联网世界里,信息和人类知识飞速累积,其中就包括葡萄酒文化。所有这些都表明,葡萄酒文化在新世纪迎来了发展的黄金期。

干涉主义与自由发展

当前,全世界优质葡萄酒生产分化为两个截然不同的阵营:老世界,包括欧洲三个最大的葡萄种植国(依次是意大利、法国和西班牙);新世界,除美国外,其成员国阿根廷、智利、澳大利亚和南非都是南半球国家。

20世纪末,第一组国家的制度规则以经济自由化和全球化为特点,这个矛盾体值得分析。相反,新世界任何一个国家的葡萄种植,都融入了西方经济的自由市场规则,也包括欧洲。

对欧洲葡萄种植史粗浅的研究表明,从遥远的罗马帝国开始,葡萄酒就是干涉主义的既定目标。高卢人在公元前62年发现木桶陈酿的妙处,根据西塞罗记载,12年后,罗马人反对在今天的法国开垦新葡萄园的禁令。一个半世纪之后,高卢人和伊比利亚人在葡萄酒领域的竞争,导致了臭名昭著的多米西亚诺法令:下令在上述两个地区大规模砍伐葡萄园(2000年以后,欧盟曾效颦此举,颁布过类似的法令,虽然部分夭折)。尽管它生效了200年,但收效甚微。

当北部蛮夷之人——他们曾经更喜欢啤酒——的法律称霸时(1500年之后,西班牙又发生类似事件,虽然是以和平方式),葡萄酒便走向没落。

中世纪前期（我们在后面会讲到）和几千年前的古埃及一样，修道院主宰了葡萄酒酿造。文艺复兴运动兴起后，葡萄种植的主角重回私人劳动者，但继续遭到执政者干涉。1482 年，索里亚（Soria）的绅士们哀求天主教伊莎贝尔女王免除他们从邻国阿拉贡"进口"葡萄酒的义务。一个世纪后，菲利普二世授予巴利亚多里德市葡萄酒贸易相似的自由度，但允许因宗教原因对其进行管制，之后西班牙很多城市纷纷效仿。就连西班牙殖民地也不能幸免：18 世纪，当他们的葡萄园刚刚有点起色，宗主国就颁布法令禁止扩种。然而，欧洲的这个启蒙世纪给企业带来广泛自由，葡萄种植也因此扩大，并在 19 世纪得到加强。但是，葡萄园扩大又引起了干涉主义新一轮的冲击。20 世纪，欧洲关于葡萄酒的法律、规章、条文和制度成倍增加。当原产地认证（很好的主意）在地中海葡萄种植国不断受到限制，斯堪的纳维亚政府将全部酒精饮料的贸易分销权收归国有。欧洲共同市场的建立，非但没有使葡萄酒摆脱法律规定的桎梏，反而让它受到越来越多新法令的限制。所幸的是，贸易壁垒和关税也随之减少。

　　新世界国家的情况又如何呢？在摆脱宗主国束缚后，他们不愿再对葡萄酒生产和贸易进行任何限制。然而，这些国家距离欧洲大市场太过遥远，以至于几乎被遗忘了两个世纪。新技术的应用和船运成本的降低，使他们酿制的葡萄酒，在税收壁垒日渐减少和现代分销方式主导的市场有了价格优势。1981 年至 2003 年，新世界葡萄酒的出口增加了 10 倍，此时欧洲的出口则几近停滞。他们的葡萄酒因良好的性价比而极具竞争力。澳大利亚、新西兰、智利、南非、加利福尼亚酿制赤霞珠、美乐、霞多丽和西拉品种，获得了很大成绩，而这在不久前还是法国波尔多、勃艮第和罗纳河谷独有的优势。

　　结论很简单：如果欧洲坚持以官僚制度管理葡萄酒生产和贸易，就会在第三个千年伊始失去此前 3000 多年里获得的领导地位。理由很简单：好酒是艺术，唯自由使其绽放。因此，好酒亦是自由之精华。

　　幸运的是，一旦管理部门放松管制，欧洲葡萄种植行业的自由化运动就会高涨。最好的例子就是卡斯蒂亚 - 拉曼恰政府，它颁布法令，以法律形式建立"卡斯蒂亚葡萄酒"分级制度，并（通过法令）对已经获得市场认可的葡萄庄园进行原产地认证。短短几年时间，这项法律吸引了一大批优秀的葡萄种植者，他们都曾在这个地区取得了不错的成绩。2003年，新《葡萄酒法》的颁布意味自由主义的又一进步。

葡萄园风光

　　在腓尼基人、希腊人、罗马人的努力下，大片葡萄园出现在地中海平原，沿海坡地，以及罗纳河、卢瓦尔河、加伦河、莱茵河、摩泽尔河、埃布罗河、杜埃罗河等欧洲大河流域，为沿途增添无数旖旎风光。很多美景我们至今仍可看到。如图1-7 ～ 图1-10 所示。

图 1-7　瓦尔德普萨庄园的葡萄园

图 1-8　莱茵高区的城堡

　　欧洲种葡萄属灌木，非常适应气候温和、四季分明的地中海气候；雨水主要集中在秋末、冬季和初春，春末、夏季和初秋干旱少雨，日照很强。地中海气候区，物种丰富，地球上大部分蔬果都来自这里，但它的面积仅占地球的 1%。除了地中海这些国家，其他地区如加利福尼亚、澳大利亚、

图 1-9　瑞士的雪山与葡萄园

图 1-10　勤地（托斯卡纳）的葡萄园风光

智利、阿根廷和南非也具备类似的气候条件。总的来说，世界上绝大部分葡萄酒产自这些地区。葡萄树根系很深，有独特的抗干旱机能，雨季吸收了充足水分，夏季就抽出翠色欲滴的茂密枝叶。到了秋天，浅绿色、浅黄色、石榴红、黄褐色交错纵横，俨然一片片缤纷的色彩海洋。

　　在欧洲内陆的德国、瑞士、奥地利、意大利、法国、葡萄牙和西班牙，在潮湿避光的河谷或湖泊边的向阳坡地上，罗马人开始了葡萄种植。有些斜坡和梯田，如莱茵高区、摩泽尔山，科特 - 罗第山、普利奥拉特山或杜罗河谷，陡峭得令人难以置信。有些地区，如风景秀丽的托斯卡纳，线条则温婉很多。这里不仅有欧洲最绚烂的美景，还出产很多极品好酒。我们应尽力保护这些葡萄园——虽然种植成本高，但出品的酒常比河谷地区更如丝般柔滑，即便只因为美酒。

　　后来，葡萄园成了内陆如香槟地区、拉曼恰大区（共有 60 万公顷葡萄园，葡萄种植面积世界之最）或海边如朗格多克 - 鲁西荣（另一处葡萄种植区）

和马拉加 - 赫雷斯地区的亮丽风景线，夏天的大片葡萄园就像一望无际的绿毯，与周围金黄色的麦茬和近旁干旱的石灰质土地相得益彰，令人难忘。

而且，要知道，葡萄园不仅勾画出美景，更有助于土地防风固沙。

优秀葡萄酒和建筑

几千年来，葡萄酒大都在乡野陋室中酿造，地中海气候区的典型方式是盛满希腊罗马式大瓮的酒窖。

在气候寒冷地区或山区，如早在新石器时代就种植葡萄的希腊，中欧的峡谷、山脉和高原，或南欧内陆地区，人们习惯在地下酿酒：地下 15 米之下常年恒温，非常适合用陶土大桶酿酒；如果是在潮湿、寒冷、有橡木资源的地方，人们则使用橡木桶。有些地下酒窖或洞穴至今仍完好无损，而地上通常是普通甚或简陋的乡村建筑，酿酒之类的很多农活就在这里完成。

随着罗马帝国的覆灭，葡萄酒生产开始变得萧条，而葡萄酒贸易几近停滞，只是因为对天主教和犹太教的宗教价值，它还稍有残存。大主教一般都会在教堂旁保留一块葡萄园，一是为了举行圣餐仪式——那时主要用面包和葡萄酒，二来也要践行向重要来访者敬酒的罗马传统，这个习惯后来传播到隐修院，也成了葡萄酒幸存下来的重要原因。

1120 年，Bernardo de Claraval 建立西多会。罗马人传统的组织才能在中世纪黑暗时代曾遭遗弃，此时却被西多会修士们传承下来，用以建造修道院——当时最盛行的建筑，和从事其他农业、工业、矿业和贸易等活动。33 年后（1153 年），当 Bernardo 去世时，西多会修士或称白衣修士，已在欧洲建成了整整 322 座修道院！（如图 1-11 和图 1-12 所示）而且早在

相知相伴葡萄酒
Entender De Vino

创始之地勃艮第——现在已是世界著名的葡萄酒产区，他们就表现出卓越的酿酒和贸易才能——为重享美酒的乐趣，修士们重建葡萄酒产业。

庞大的罗马式隐修院和西多会哥特风格的修道院，都带有华丽的地下酒窖，它们以方石建成，穹顶呈筒形。这是人类第一次将葡萄酒的生产、贸易与伟大建筑融为一体。葡萄园与酒窖垂直一体化管理，对世界上所有极品酒的形象和贸易，都产生了深远影响。

图 1-11 崩狄尼修道院（勃艮第）是四个原始
修道院中唯一保留下来的

图 1-12 崩狄尼修道院的酒窖

从西多会隐修院开始，独立酒庄的生产方式扩展到整个欧洲：托斯卡纳 las Tenutas 或 Castellos，莱茵高地区的 los Schloss，以及波尔多的 Chateaux❶——最为典型的例子，它们都使地区特色建筑与出产优质葡萄酒的伟大葡萄园紧紧联系在一起。

Chateaux 的历史——如波尔多列级庄或庄园葡萄酒先锋的 Yquem 酒庄或 Haut-Brion 酒庄——尤为有趣。17 世纪，在历来就好酒云集的英国，一桶这种档次的好酒，在伦敦酒吧能卖出比波尔多其他无名酒高 40 倍的价格。如此高价使波尔多大酒庄主人有实力不断增加对酒窖和酒庄的投入，由此进一步提升酒品、增加需求、完善形象，而土地价格也随之水涨船高。

17 ～ 20 世纪，葡萄酒贸易快速发展。葡萄酒及蒸馏酒出口需求与日俱增，给香槟、干邑、波尔图和赫雷斯地区创造了繁荣局面，一批与此相关的伟大名词随之诞生，至今仍为我们所熟知。建筑再一次提升了美酒及其酒庄的形象。

20 世纪末，面对加利福尼亚、澳大利亚、新西兰、智利、阿根廷和南非葡萄酒的不断竞争，曾垄断优质葡萄酒市场的欧洲人，必须勇敢面对。在新世界国家面前，老世界不能无动于衷。这一次，西班牙——我们从 19、20 世纪以来，似乎已经把 Domaine 或者 estate 的概念遗忘了，除了杜埃罗河地区的 Vega Sicilia 酒庄和里奥哈的 Murrieta 侯爵 Ygay 酒庄——在 20 世纪末涌现出一批国际知名建筑大师的作品，比如里奥哈 Ysios de Santiago Calatrava 酒庄、纳瓦拉 Chivite 酒庄，如图 1-13 所示。但是，葡萄酒建筑史上最具创新精神的作品当数加利福尼亚建筑大师 Frank Gehry 设计、建于 21 世纪的里奥哈阿尔维萨产区的 Riscal 酒庄，如图 1-14 所示。

结论很清楚：从克鲁尼西多会修道院开始，优质葡萄酒与伟大建筑的融合持续了 9 个世纪，成果颇丰。21 世纪，二者的结合必将继续深化。

❶ Domaine、las Tenutas、Castellos、los Schloss、Chateaux 都是酒庄的意思，只是起源不一样。

图 1-13　纳瓦拉 Chivite 酒庄的作品
　　　　 "Señorío de Arínzano"，将
　　　　 古代建筑与未来派风格酒
　　　　 庄融为一体

图 1-14　里奥哈阿尔维
　　　　 萨产区的 Risal
　　　　 侯爵酒庄

第2章　葡萄酒与健康[1]

---

[1] 作者注：本章内容以实证科学研究为基础。特别感谢葡萄酒及营养研究基金会（FIVIN）两次邀请我参加马德里（1997）和巴塞罗那（2002）"葡萄酒与健康研讨会"，一些上述提及的研究员也出席了会议。文中很多内容引自大卫·奥戈尔曼的著作《葡萄酒惊人的预防和治疗效果》（Editorial Sirio出版社，2003），该书特别向读者推荐葡萄酒预防功能的内容，并对相关科学研究进行了全面汇总。

希波拉底的贡献

2500 年前，希波拉底背靠大树，席地而坐，在一片树荫里，给学生传授医学原理。统治医学界 2000 多年的著名的"希波拉底誓言"由此而来，它至今仍被医学工作者奉为道德规范。虽然这一理论不像现代医学那样依靠科学研究，而是通过知识累积，依据经验提出。但希波拉底本人在科斯岛上传道授业，留下了大量以地中海典型食物葡萄酒、橄榄油为基础的处方，他的贡献对今天的我们弥足珍贵。如今，心血管疾病和癌症仍是困扰全球发达国家的顽疾，其导致的死亡分别占这些国家死亡总数的 50% 和 20%。而就在 20 世纪末，人们发现葡萄酒对这两种疾病有着明显的预防作用。

1956 年，北美先锋研究员安瑟尔·肯斯进行了所谓的"七国研究"，即根据不同饮食习惯，分析不同人群的健康状况。由于克里特岛的特殊性，它的数据从七国之一的希腊单列出来。1970 年，当美国心脏病协会权威杂志《循环》公布研究结果时，引起巨大轰动：一位克里特岛人比一位美国（七国之中风险最高的国家）人患心脏病的风险低 98%。克里特岛人每年食用的红葡萄酒和面包数量是美国人的 4 倍，干豆类是美国人的 30 倍，水果是美国人的 2 倍，鱼类是美国人的 6 倍，而肉类却只有美国人的 1/8；另外，他们每年食用 50 升橄榄油，比世界上任何其他国家都多，见表 2-1。

表 2-1　　　　　　　　克里特岛和美国居民饮食对比

食用（g）/d	克里特岛	美国
面包	380	97
干豆	30	1
青豆	191	171
水果	464	233
肉	35	273
鱼	18	3
油脂	95	33
酒精	15*	6
冠心病死亡人数（每 10 万居民）	9	424

注　摘自《七国研究》，安瑟尔·肯斯，《循环》，1970。

*　主要来自葡萄酒。

法国悖论与丹麦研究

　　20 世纪 80 年代，世界卫生组织所做的一系列研究，尤其是在 20 多个国家开展的莫妮卡项目（1981 年），证明了饱和脂肪摄入量与冠心病死亡之间的正比关系。然而，一些国家却成了例外；其中最典型的当属法国，饱和脂肪摄入量相当高❶，甚至超过了美国，冠心病死亡却一直保持很低的水平，这种现象被称为"法国悖论"。

　　1991 年 11 月 17 日，在由莫利·塞弗主持的 CBS 王牌栏目《60 分钟》中，塞尔吉·雷诺德（Serge Renaud）教授向 3500 万美国电视观众，阐述了法国悖论的原因所在：饮用葡萄酒，尤其是红葡萄酒。这期节目反响巨大：不仅

---

❶ 不同于其他地中海国家的是，法国人用黄油烹制食物。尽管他们也食用大量奶酪，但这些脂肪在消化道中部分皂化并随粪便排出，影响甚微。

相知相伴葡萄酒

Entender De Vino

大大提高了红葡萄酒的销量，使之取代了当时美国和其他很多国家更多饮用的白葡萄酒；更为重要的是，雷诺德教授的研究成果一经发表在英国知名医学杂志《柳叶刀》上，便再次引发了科学界对葡萄酒保健功效的研究兴趣。

正如雷诺德教授指出的，工业化国家冠心病死亡明显随着葡萄酒消费量的增加而减少，这显而易见，就像表 2-2 证明的那样。

由此推断，饮用葡萄酒与减少冠心病死亡具有明显相关性[1]：葡萄酒消费量大的国家，冠心病发病率明显偏低。

被称为"丹麦研究"的流行病学研究试图找出不同酒精饮料与不同死亡之间的相关性，1995 年 5 月，研究人员公布的结论证明，适度饮用葡萄酒的益处绝不仅限于心血管疾病的预防。

格隆贝克（Gronbaek）博士带领丹麦的一个研究小组，将 13 285 名 30 ~ 79 岁之间的人员（6051 位男性和 7234 位女性），分为不饮酒者、葡萄酒饮用者、啤酒饮用者和蒸馏酒[2]饮用者四类，并在 1976 年至 1988 年间，对他们的临床变化进行了跟踪调查。这种分类方法开创了同类研究的先河，如图 2-1 所示。

研究结果可以在表 2-2 中看到。与诸多酒精饮料摄入研究一致，啤酒和烈酒（蒸馏酒）饮用者呈现出典型的 U 形曲线：少量饮用时，酒精饮料的摄入能降低罹患心血管疾病的风险，但随着饮用量增加，其他死亡诱因导致的风险迅速增加。相反，同不饮酒者相比，适度饮用葡萄酒（中间一栏）这组逐渐得益，其心血管疾病死亡率足足减少了 56%（指数从 1.00 降低到 0.44），更令人难以置信的是，其他疾病的死亡率减少了 50%（指数从 1.00 降低到 0.50）。这项研究还指出，丹麦自加入欧盟 20 年以来，冠心病死亡减少了 30% 左右，原因是，与加入欧盟之前相比，丹麦葡萄

---

[1] 相关性：统计学术语，描述两变量之间的相互作用，反映二者的因果关系。

[2] 这组包括威士忌、杜松子酒、伏特加以及白兰地、茴香酒、(从葡萄渣中提取的)烧酒等烈酒。

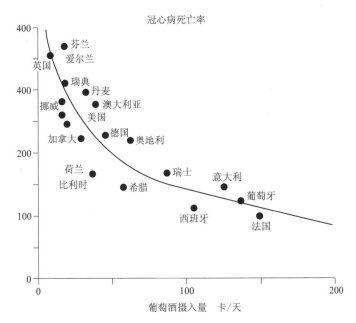

图 2-1 21个日消费卡路里量最多的工业化国家冠心病死亡
与葡萄酒消费量的关系

注：来源于葡萄酒及营养研究基金会（FIVIN）组织的第一届"葡萄酒与健康"
国际研讨会（1997年10月，马德里）。

酒消费量累计增加了70%。《丹麦研究》（*Estudio Danés*）表明：适度饮用
葡萄酒（与啤酒和烈酒不同）可大大降低各种疾病导致的死亡。

这些研究一经公布（格隆贝克博士也被邀请到《60分钟》栏目），便
在全球范围内，引发了研究葡萄酒与健康关系的新浪潮，至今仍持续不衰。
我们应该对两种研究加以区分：第一种称为"流行病学"研究，主要通过
在一个或长或短的时期内，某些特定人群医疗数据的变化，来研究某个参
数——例如葡萄酒——的作用；第二种是通过生化或体外实验（在试管里
所做的实验），确定某物质——这里指葡萄酒——及它在机体中的工作原
理，来判断其正面或负面影响。

表 2-2　　　对 13 285 名 30 ～ 79 岁受访者统计，酒精饮品摄入
与冠心病和其他疾病致死的相对风险（**95% 置信区间**）

饮用频率	饮用啤酒	饮用葡萄酒	饮用烈酒
心脑血管疾病导致的死亡			
从不	1.00（参照）	1.00（参照）	1.00（参照）
每月	0.79（0.69 ～ 0.91）	0.69（0.62 ～ 0.77）	0.95（0.85 ～ 1.06）
每周	0.87（0.75 ～ 0.99）	0.53（0.45 ～ 0.63）	1.08（0.93 ～ 1.26）
每天：1 ～ 2 杯	0.79（0.68 ～ 0.90）	**0.47（0.35 ～ 0.62）**	1.16（0.98 ～ 1.39）
3 ～ 5 杯	0.72（0.61 ～ 0.88）	**0.44（0.24 ～ 0.80）**	1.35（1.00 ～ 1.83）
其他原因导致的死亡			
从不	1.00（参照）	1.00（参照）	1.00（参照）
每月	0.82（0.71 ～ 0.95）	0.86（0.77 ～ 0.97）	0.80（0.71 ～ 0.91）
每周	1.02（0.89 ～ 1.18）	0.80（0.62 ～ 1.03）	0.81（0.65 ～ 0.99）
每天：1 ～ 2 杯	0.96（0.84 ～ 1.15）	**0.80（0.62 ～ 1.03）**	0.81（0.65 ～ 0.99）
3 ～ 5 杯	1.22（1.02 ～ 1.45）	**0.50（0.27 ～ 0.91）**	1.36（1.01 ～ 1.84）

接下来，我们以小结方式，详细了解这两种研究几项重要的新成果。

流行病学研究

胃癌与食道癌

马尼克·盖蒙博士和 15 位代表美国著名研究机构的科研人员在《美国国家癌症研究所杂志》（1997）上发表一项报告称，长期饮用适量葡萄酒将使罹患食道癌和胃癌的几率降低 40%。而适量饮用其他酒精饮料则没有明显效果 [1]。

---

[1] Gammon MD, et al. Tobacco, *Alcohol, and socioeconomic status and adenocarcinomas of the esophagus and gastric cardia*. Journal of the National Cancer Institute, 1997; 89 (17): 1277-1284.

上文提到的格隆贝克博士和助手，还在哥本哈根进行了一项为期 13 年半的调查研究，他们跟踪 15 117 位男性和 13 063 位女性，研究其酒精摄入量与罹患上消化道癌的关系（《英国医学杂志》，1998 年 9 月），结果显示：每周饮用 21 杯以上啤酒或烈酒的人群比不饮酒者患上消化道癌的风险高 300%。相反，那些每周饮用的酒精饮料中，葡萄酒占 30% 甚至更多的人，患此类癌症的风险比不饮酒者低 30%[1]。

肾癌

1988 年，美国俄克拉荷马大学阿萨尔（Asal）博士和其他研究人员对 313 名住院患者和 336 名监控患者进行研究，发现葡萄酒摄入量与肾癌呈明显反比关系[2]。

老年痴呆症 / 阿尔茨海默氏症

波尔多大学神经学教授奥尔格格索（Orgogozo）博士曾对 3777 名 65 岁以上老人进行研究，并在《神经学杂志》（1977）上发表了研究结果：与不饮酒者相比，每天饮用三至四杯葡萄酒的老人，患痴呆症和阿尔茨海默氏症的几率分别低 80% 和 75%[3]。不久之后，1977[4] 年，伊拉斯莫医疗中心（鹿特丹，1990 ～ 1999）的莫尼克•布瑞泰勒（Monique Breteler）博士，

[1] Gronbaek M. Becker U, Johansen D, Tonnesen H, Jensen G, Sorensen TI. *Population based cohort study of the association between alcohol intake and cancer of the upper digestive tract*. BMJ 1998 Sep 26; 317 (7162): 844-7.

[2] Asal NR, Risser DR, Kadamani S, Geyer JR, Lee ET, Cherng N. *Risk factors in renal cell carcinoma: I. Methodology, demographics, tobacco, beverage use, and obesity*. Cancer Detect Prev 1988;11(3-6): 359-77.

[3] Orgogozo JM, Dartigues JF, Lafont S, Letenneur L, Commemges D, Salamon R, Renaud S,Breteler MB. *Wine consumption and dementia in the elderly: a prospective community study in the Bordeaux area*. Rev Neurol (Paris) 1997 Apr; 153(3): 185-92.

[4] Letenneur Land Orgogozo Jm. *Wine consumption in the elderly*. Annals of Internal Medicine,1993; 118(4): 317-318(letter).

在奥尔格格索（Orgogozo）博士与另一位知名学者的共同协助下，进行了"鹿特丹研究"，并将结果发表在《柳叶刀》杂志上 ❶。这项针对 7893 位 55 岁以上老人进行的调查，也得出了类似的结论。

杀菌作用

针对葡萄酒对几种肠道疾病致病细菌，如沙门氏菌、鼠伤寒沙门氏菌、痢疾杆菌、大肠杆菌和幽门螺杆菌的抑制作用，几个国家不同研究员分别进行了研究，如魏斯（Weisse）等人（1996 年于火奴鲁鲁）❷、布瑞纳（Brenner）（1999 年于德国乌尔姆大学）❸，罗森斯托克（Rosenstock）博士（在丹麦对 2913 人进行研究）❹ 以及西班牙的拜伊多·布拉斯科（Bellido Blasco）等人（1996 年于巴塞罗那）❺。结果表明：适量饮用葡萄酒可大幅降低——从 50% 至 90%——由上述细菌引起的腹泻、胃溃疡、沙门氏菌病等疾病的发生。例如，次水杨酸铋被认为具有治疗胃溃疡的功效，而葡萄酒比它有更好的保护胃粘膜的作用。

❶ Ruitenberg A, van Swieten JC, Witteman JC, Mehta KM, van Duijn CM, Hofman A, Breteler MM. *Alcohol consumption and risk of dementia: The Rotterdam Study*. Lancet 2002 Jan 26;359(303): 281-6.

❷ Weisse ME, Eberly B, Person DA. *Wine as a digestive aid: comparative antimicrobial effects of bismuth salicylate and red and white wine*. Department of Paediatrics, Tripler Army Medical Center,Honolulu, HI 96859-5000, USA. BMJ. 1966 Mar 9: 312 (7031): 642.

❸ Brenner H, Rothenbacher D, Bode G, Adler G. *Inverse graded relation between alcohol consumption and active infection with Helicobacter pylori*. Department of Epidemiology, University of Ulm, Germany. Am J Epidemiol 1999 Mar 15; 149 (6): 571-6.

❹ Rosenstock SJ, Jorgensen T, Andersen LP, Bonnevie O. *Association of Helicobacter pylori infection with lifestyle, chronic disease, body-indices, and age at menarche in Danish adults*. Scand J Public Health 2000 Mar; 28(1): 32-40.

❺ Bellido Blasco JB, Gonzalez Moran F, Anedo Pena A, Galiano Arlandis JV, Safont Adsuara L, Herrero Carot C, et al. *Brote de infección alimentaria por Salmonella enteritidis. Posible efecto protector de las bebidas alcohólicas*. Med Clin Barc, 1996;107: 641-644.

胆结石

意大利一项对 58 462 人的宏观研究［拉拜克恰（La Vecchia）等人，1994 年］表明：如果一个人每天饮用半升葡萄酒，那么他患胆结石的可能性比不饮酒者低 58%[1]。一些在丹麦［茵亥尼恩（Ingenien），1989 年］、瑞典［勃尔克（Borchk），1998 年］和意大利［米斯席阿哥纳（Misciagna）博士，1996 年］进行的同类研究充分证实了这一结论。

肾结石

从 1986 年开始，库尔翰（Curhan）博士（哈佛大学医学院，1998 年）对 81 093 位女性进行了另一项流行病学宏观研究，结果显示：每天饮用 240mL 咖啡或茶，可使肾结石的发病率分别降低 10% 和 8%。而每天饮用同等数量葡萄酒（相当于三至四杯）的人，患这一疾病的概率，要比不饮酒者低 50%[2]。

骨质疏松症

1992 年至 1994 年，由詹瑞（Ganry）博士和他的同事（《美国流行病学杂志》，2000 年）组成的研究小组，在法国亚明对 7598 位 75 岁以上的女性（这类女性更易患骨质疏松症，她们的发病率为 25%，而男性仅为 10%）进行了一项研究，结果表明：每天酒精饮料摄入达 11 ～ 30g（1 ～ 3 杯）的人，其胯骨骨密度明显高于不饮酒者[3]。

---

[1] La Vecchia C et al. *Alcohol drinking and prevalence of self-repor-ted gallstonedisease in the 1983*. Italian National Health Survey. EPIDEMIOL 1994;5: 533-6.

[2] Curhan GC,Willett WC,Speizer FE,Stampfer MJ. *Beverage use and risk for kidney stones in women*. Ann Intern Med 1998 Aprl; 128 (7): 534-40.

[3] Ganry O, Baudoin C, Fardellone P. *Effect of alcohol intake on bone mineral density in elderly women: The EPIDOS Study*. Epidemiologie de l'Osteoporose. Am J Epidemiol 2000 Apr 15;151(8): 773-80.

相知相伴葡萄酒
Entender De Vino

拉普利（Rapuri）博士（克雷顿大学，2000年）在内布拉斯加州奥马哈市对489名65～77岁之间的女性进行了另一项类似研究，结果显示，那些骨密度比不饮酒者高16%的女性[1]，平均每天的饮酒量为28.06克，相当于两杯以上的葡萄酒。

肺病

舒姆曼（Shumermann）博士最近公布了一项（BMC Pulmonar Medicine杂志，2002年5月）对1555位纽约州居民（814名女性和741名男性）的研究报告。结果表明：与不饮酒者和饮用啤酒或其他酒精饮料的人相比，饮用白葡萄酒的人拥有更加健康的肺。而饮用红葡萄酒的人结果相似，尽管数据略低于白葡萄酒饮用者。这在此类研究中比较少见，可能是由于白葡萄酒的抗氧化分子体积小，更易深入肺组织[2]。

前列腺癌

1971年由夏威夷6581位成年男子参与的历时17年的研究[3]，和普拉茨（Platz）博士（《美国流行病学杂志》，1999年）1986年起在波士顿对29 386位健康男性进行的研究都证实，适量饮酒（约每天2杯）的人罹患前列腺癌的风险低40%。正如其他很多研究得出的结论一样，饮酒过量是

---

[1] Rapuri PB, Gallagher JC, Balhorn KE, Ryschon KL. *Alcohol intake and bone metabolism in elderly women.* Bone Metabolism Unit and the Cardiac Center, Creighton University, School of Medicine, Omaha, NE 68131, USA. Am J Clin Nutr. 2000 Nov; 72(5): 1073.

[2] Schuneman HJ, Grant BJ, Freudenheim JL, Muti P, McCann SE, Kudalkar D, Ram M,Nochajski T, Rusell M, Trevisan M. *Beverage specific alcohol intake in a population-based study: Evidence for a positive association between pulmonary function and wine intake.* BMC Pulm Med. 2002 May 8;2(1): 3.

[3] Chyou PH, Nomura AM, Stemmermann GN, Hankin JH. *A prospective study of alcohol, diet, and other lifestyle factors in relation to obstuctive uropathy.* Prostate 1993; 22(3): 253-64.

不会获得这些益处的[1]。

黄斑变性

这种疾病主要影响视网膜中心部位，是导致 60 岁以上糖尿病患者失明的主要风险。1971 ～ 1975 年，奥维席珊（Obisesan）博士（《美国老年协会日报》，1998 年）对 3072 名参与者进行了一项调查，结果显示适量饮用葡萄酒的人比其他人患此病的风险低 55% ～ 79%[2]。

椎间盘突出症

拉斯姆森（Rasmussen）博士（丹麦 Hjorring 医院）对 170 位椎间盘突出术后患者进行了一项调查（《欧洲脊骨外科学》杂志，1998 年），其中 148 位完成了此项调查。经过对患者各项指标分析，发现那些用餐时习惯饮用葡萄酒的患者比其他人术后恢复快四倍[3]。

感冒

1993 年，科恩（Cohen）博士和位于匹兹堡的卡耐基梅隆大学的研究小组对 4287 位调查对象进行了为期一年的研究。他们中的 1353 人患了感冒，其中每周饮用 8 ～ 14 杯葡萄酒的人，只占到不饮酒或饮用其他酒精

[1] Platz EA, Rimm EB, Kawachi I, Colditz GA, Stampfer MJ, Willet WC, Giovannucci E. *Alcohol consumption, cigarette smoking, and risk of benign prostatic hyperplatia.* Am J Epidemiol.1999 Aug 1; 150 (3): 321-3.

[2] Obisesan TO, Hirsch R, Kosoko O, Carlson L, Parrott M. *Moderate wine consumption is associated with de creased odds of developing age-related macular degeneration in NHANES-1.* J Am Geriatr Soc 1998 Jan; 46(1): 1-7.

[3] Rasmussen C. *Lumbar disc henation: favourable outcome associated with intake of wine.* Eur Spine J 1998;7(1): 24-8.

饮料患者的一半 ❶。在这之后（1998 年至 1999 年），圣地亚哥联合大学（预防医学系）的研究员对 4287 位调查对象进行的研究也得出了同样的结论 ❷。

人体机能

米兰 Mario Negri 药学研究所的拉拜克恰（La Vecchia）博士和他的同事选择了 58 645 位 25 岁以上的居民作为意大利的人口样本，并对其进行了 16 种常见慢性病或其中几种的研究（《流行病学》杂志，1995 年）。结果表明：不饮酒者罹患诸如糖尿病、高血压、心肌梗死和其他心血管疾病、贫血、胃及十二指肠溃疡、肾结石、肝硬化、胆结石、肾衰竭等疾病的风险都不低 ❸。

生化原理

上述流行病学研究证明了适量饮用葡萄酒的益处，与此同时，大量生化研究也试图解释其中的原理。

迄今为止，已明确了其中两个相互独立的原理。

（1）葡萄酒所含酒精（乙醇）发挥了如下作用：

❶ Cohen S, Tyrrel DA, Russell MA, Jarvis MJ, Smith AP. *Smoking, alcohol consumption, and susceptibility to the common cold.*

❷ Takkouche B, Regueira-Mendez C, Garcia-Closas R, Figueiras A, Gestal-Otero JJ, Hernan MA. *Intake of wine, beer, and spirits and the risk of clinical common cold.* Department of Preventive Medicine, University of Santiago de Compostela, Santiago de Compostela, Spain. Am J Epidemiol 2002 May 1; 155(9): 853-8.

❸ La Vecchia C, Decarli A, Franceschi S, Ferraroni M, Pagano R. *Prevalence of chronic diseases in alcohol abstainers.* Epidemiology 1995 Jul; 6(4): 436-8.

a. 降低坏胆固醇或 LDL❶ ；

b. 增加好胆固醇或 HDL❷ ；

c. 抗凝血作用，防止血小板过度积聚，从而避免血栓形成。

（2）红酒多酚惊人的特性，其保健作用明显与抗氧化性有关。

葡萄酒中的酒精

很久以前人们就发现了酒精的积极作用，科学研究证明，适度饮酒者死于心血管疾病的概率可能低 30% ～ 40%，但如果每天的酒精摄入量超过 30 克——相当于每天饮用 2 至 3 杯 13 度的葡萄酒，心血管疾病死亡率会增加，尽管没有比不饮酒者死亡率高出很多。这样，心血管疾病致死率与酒精摄入量的关系曲线呈 U 型或 J 型。

葡萄酒不是唯一的酒精饮品，但应指出，在所有酒精饮品中，它和啤酒的酒精含量最低。

当过度饮酒者突然停止酒精摄入时，饮用葡萄酒的人由于多酚物质的保护，得以避免风险，这一点我们在下面会讲到。而啤酒或烈酒饮用者，由于血液突然失去酒精而形成大量血栓，将面临很高的死亡风险，这个问题常常影响到周末常常酩酊大醉的人。

葡萄酒与其他酒精饮料最大的不同在于，它通常是随餐饮用的。事实上，一旦酒精摄入体内，最重要的是不要让它进入血液，我们把酒精进入血液称为醇血症。为了阻止它，我们的胃和肝中的一种酶，即乙醇脱氢酶

❶ Las siglas LDL corresponden a *Low Density Lipoprotein* o Lipoproteinas de Baja Densidad.

❷ Estas siglas corresponden a *High Density Lipoprotein* o Lipoproteinas de Alta Densidad.

（ADH），将发挥作用。若空腹饮酒，酒精没有足够时间停留在胃中而直接进入小肠，并随血液进入肝脏。我们的肝脏每小时仅能代谢 7 克左右的乙醇，相当于半杯葡萄酒。超过这个量，酒精将重新回到血液中。相反，如果我们在用餐过程中浅斟小酌，让酒精随食物一起摄入，胃中的 ADH 就能有足够时间发挥作用，从而大大减少到达肝脏的酒精，避免形成醇血症。

烈性酒的酒精含量高，因此，尽管添加清水、苏打水或其他软饮，并伴有食物，但还是常常打破身体的防御机能。

葡萄酒多酚

葡萄酒的成分极为复杂，除了约占 60% ～ 80% 的水和 10% ～ 20%（取决于酒的种类）的酒精外，目前已确定的成分就有 800 多种（几十年前仅确定了 300 多种）。其中包含矿物盐、微量元素、维生素、有机酸、矿物质和多酚。而多酚是单宁的组成部分，也是水果和蔬菜中比较常见的有机物。几年前，受美国国家癌症研究中心委托，伊利诺伊大学药学院约翰·派利诺（John Pezzutto）教授开始了一项先锋研究。1997 年，他在马德里公布了研究结果。通过调查世界上数千种野生植物可能的抗癌作用，他的研究小组挑选出了一种秘鲁豆科植物。当找到其主要抗癌物质时，发现竟是白藜芦醇，一种多酚类物质，而它在红葡萄酒中浓度很高。

葡萄酒与肥胖

人们普遍认为饮酒会增加体重。如果我们注意到一杯葡萄酒的热量为 100～150 千卡，那么从传统观点来看，大量摄入一定会增加体重。

但是，美国 [卡恩（Kahn）博士，《美国公共健康》杂志 1997 年[1]，罗莱特·科尔德恩（Loret Cordain）博士，科罗拉多大学，1997 年[2]]和欧洲[伦敦皇家自由医院瓦纳梅兹·师波尔（Wannamathee Shaper）博士，1999 年[3]] 所进行的一系列最新研究证明：适量饮用葡萄酒（每天 2～3 杯）不会增加体重，也不增肥。1995 年，邓肯（Duncan）博士和他的同事在巴西奥格兰德，对 12 145 名 45～64 岁之间居民的饮酒偏好与腰臀比进行了研究。结果表明，适量饮用葡萄酒者，其腰臀比不饮酒者小约 50%，比啤酒饮用者小三分之一[4]。

其中一位发现者、康奈尔大学勒罗伊·克罗塞（Leroy Creasy）博士最近表示，一瓶红葡萄酒大概需要 1000 粒带皮葡萄酿制，它所含的白藜芦醇相当于 17 000 粒名牌维生素片的含量，而买这么多维生素要花费 8000 多欧元。

---

[1] Kahn HS, et al. *Stable behaviors associated with adults'10 year change in body mass index andlikelihood of gain at the waist.* American Journal of Public Health, 1997; 87(5): 747-754.

[2] Cordain L, et al. *Influence of moderate daily wine consumption upon body weight regulation and metabolism in healthy free-living males.* Journal of the American College of Nutrition, 1997;16.

[3] Wannamethee SG, Shaper AG. *Type of alcoholic drink and risk of major coronary heart disease events and all-cause mortality.* Am J Public Health 1999 May; 89(5): 685-90.

[4] Duncan BB, Chambless LE, Schmidt MI, Folsom AR, Szklo M, Croase JR 3rd, Carpenter MA. *Association of the waist-to hip ratio is different with wine tham with beer or hard liquor consumption.* Atherosclerosis Risk in Communities Study Investigatos. Am J Epidemiol 1995 Nov 15; 142(10): 1034-8.

除白藜芦醇（目前发现的最重要的化合物）外，红酒多酚还包括表 2-3 中所列种类。

表 2-3 葡萄酒多酚及抗氧化性

名称	浓度 mg/L		抗氧化性（Trolox 度）①	备 注
	红葡萄酒	白葡萄酒		
没食子酸	65～126	4～11	3.0	富含在葡萄皮和葡萄籽中
咖啡酸	17～178	2～4	1.3	
阿魏酸	19～27	—	1.3	具有抗癌特性
p- 香豆酸	22～139		1.9	
儿茶酸	120～390	16～46	2.4	也存在于苹果和绿茶中
儿茶素	25～162	6～60	2.5	保护心血管
类黄酮（杨梅酮＋槲皮素）	4.6～41.6	—	3.7～4.7	红葡萄皮中含量丰富，保护心血管
花色素苷（花青素＋锦葵色素）	90	—	4.4～1.8	生成红葡萄酒的颜色，保护心血管
白藜芦醇	2.9	0.1	2.0	保护葡萄免受灰霉病菌侵扰。具有很强的抗癌、抗炎、抗病毒和保护神经的作用

① Trolox 是一种可溶于维生素 E 的元素，它可通过与自身比较，来衡量任何化合物的抗氧化性。

从表 2-3 可以看出：酿制红葡萄酒的过程需浸泡葡萄皮，这也是红葡萄酒多酚含量远高于白葡萄酒的原因之一。

多酚有很好的抗氧化作用。抗氧化剂一经莱纳斯·鲍林（Linus Pauling）教授发现，它的重要作用就一直为人们所关注，而莱纳斯·鲍林教授也因此获得了诺贝尔奖。抗氧化剂的主要作用在于清除所谓的自由基，即一些缺少或多余电子的不稳定原子或分子。科学研究普遍认为，一些神经退化疾病，如帕金森症和阿尔茨海默氏症，甚至包括衰老过程，都是由这些自由基导致的。因为它们引起的连锁反应最终能改变我们的 DNA，影响人体细胞功能。

迄今为止已经发现的抗氧化剂主要包括维生素 A、C 和 E，硒（人体必需的微量元素）和多酚。

保护心血管的功效

我们对葡萄酒抗氧化作用的原理进行了试验。首先是保护心血管的功效：大量试验研究证明，葡萄酒多酚能够使低密度脂蛋白（坏胆固醇）免受自由基导致的氧化，这是防止动脉硬化（逐渐导致动、静脉被堵）及其致命后果的关键。

另外，最新的活体实验（对动物或人进行的）也清楚地解释了，为什么在流行病学研究中，每天饮用适量红葡萄酒（它所含葡萄酒多酚比白葡萄酒平均高15倍）❶能对心血管疾病起到显著预防作用。可以说，迄今为止，在这一点上，没有任何其他食物或饮料可与之媲美。

葡萄酒多酚另一个重要机制是对血管内皮的积极作用。血管内皮覆盖血管内壁及平滑肌细胞，它产生的一氧化氮使这些平滑肌细胞放松，从而防止血小板粘连和高血压。大量研究表明，葡萄酒多酚——尤其是槲皮素、儿茶素和白藜芦醇——能促使一氧化氮生成。这很可能是法国悖论的关键原因之一。

❶ Un estudio del Dr. Frankel y otros (*Journal of Agricultural Food Chemistry*, 1995) realizadosobre 20 vinos californianos concluyo que el porcentaje de inhibicion de la oxidacion en las LDL varia entre 46% y 100% en los vinos tintos y solo entre el 3% y el 6% en los blancos. Es decir, quelos vinos tintos son unas 15 veces mas activos que los blancos.

抗癌作用

除了心血管疾病，癌症是发达国家第二大疾病。最新的研究表明，自由基对 DNA 直接或间接的氧化作用，能导致与老化相关的癌症。自由基随呼吸不断产生，但其他因素，如紫外线、烟雾、植物病防治处理和其他化学物质也可产生。

我们的身体能产生天然抗氧化剂，但为了有效应对自由基的持续攻击，还必须从食物中摄取。因此，许多新研究都提倡人们多吃蔬菜和水果。

一些活体和试管实验都证明，葡萄酒多酚所含有的槲皮素、儿茶素、没食子酸等多酚类物质都具有抗癌作用。然而，最重要的还是白藜芦醇，它能消除几种重要的致癌酶。克利特大学的一项研究（《细胞生物化学》杂志，2000 年 6 月）结果表明：适时、适量的情况下，红葡萄酒中的浓缩物质，包括所有的多酚类尤其是儿茶素，表儿茶素，槲皮素和白藜芦醇，都能够起到抑制细胞扩散（由乳腺癌或前列腺癌引起的）的作用❶。其他研究报告，如新奥尔良进行的一项研究（《致癌作用》，2001 年），证明槲皮素可以预防或阻止前列腺癌的发展❷，而且白藜芦醇能够杀死癌细胞（程序性死亡或自杀），根除前列腺癌（《泌尿外科杂志》，2002 年 8 月）❸。由罗

❶ Kampa M, Hatzoglou A, Notas G, Damianaki A, Bakogeorgou E, Gemetzi C, Kouroumalis E, Martin PM, Castanas E. *Wine antioxidant polyphenols inhibit the proliferation of human prostate cancer cell lines.* Nutr Cancer 2000; 37(2): 223-33.

❷ Xing N, Chen Y, Mitchell SH, Young CY. *Quercetin inhibits the expression and function of the androgen receptor in LNCaP prostate cancer cells.* Carcinogenesis 2001 Mar; 22(3): 409-14.

❸ Lin HY, Shih A, Davis FB, Tang HY, Martino LJ, Bennett JA, Davis PJ. *Resveratrol induced serine phosphorylation of p53 causes apoptosis in a mutant p53 prostate cancer cell line.* J Urol 2002 Aug;168(2): 748-55.

梅罗（Romero）博士带领的赫塔菲（Getafe）大学（马德里）医学中心研究小组得出的结论是，在试管中，不同浓度的没食子酸、单宁、槲皮素，桑色素和路丁均可抑制前列腺癌细胞 LNCaP 扩散 [1]。

2001～2002 年，在汉堡、法兰克福、佛罗伦萨、堪萨斯城和马德里进行的一系列试管实验证明：葡萄酒中的白藜芦醇等多酚物质对结肠癌和另外几种皮肤癌，包括最令人恐惧的黑色素瘤，都有非常好的疗效。美国、英国和韩国进行的其他试管实验不仅得出类似的结论，还证明白藜芦醇在抗击白血病方面也有明显功效。

脑损伤

葡萄酒对衰老引起的脑损伤具有积极的治疗作用，其原因是酒精与多酚类物质的并存，而这正是葡萄酒独一无二的特性。首先，它能提高好胆固醇（HDL）的含量，减少血栓形成，而血栓通常是形成脑梗塞、导致老年痴呆的原因。同时，科学证明，与这种疾病相关的脑损伤与氧化损伤有关，而我们已经了解到，葡萄酒多酚能有效抑制这种氧化作用。

加利福尼亚拉荷亚（La Jolla）的石茅（Ishigue）博士和他的同事所进行的试管实验证明：多酚类物质以三种不同方式阻止自由基氧化作用，从而有效保护神经元 [2]。

---

[1] Romero I, Paez A, Ferruelo A, Lujan M, Berenguer A. *Polyphenols in red wine inhibit the proliferation and induce apoptosis of LNCaP cells.* BJU Int 2002 Jun; 89(9): 950-954.

[2] Ishige K, Schubert D, Sagara Y. Flavonoids *Project neuronal cells from oxidative stress by threedistinct mechanisms.* Free Radic Biol Med 2001 Feb 15;30(4): 433-46.

Focus

相知相伴葡萄酒

Entender De Vino

> **葡萄酒与老年人**
>
> 每个时代，总有众多智者建议老年人适量饮用葡萄酒，而最新研究也证明了这一观点。除了发达国家主要致死疾病——心血管病和癌症外，葡萄酒还能防止其他老年病，如老年痴呆、阿尔茨海默氏症或黄斑变性。
>
> 美国和欧洲一系列有关适量饮用葡萄酒与长寿关系的研究，都证明二者之间存在正相关关系。

什么叫作适量饮用葡萄酒

前面几页大量资料已说明适量饮用葡萄酒的益处，下面我们来界定"适量饮用"的概念及做法。

如果每天摄入30克左右的乙醇，相当于2～3杯葡萄酒，那么里面所含酒精就能起到保健作用，而不会引起醇血症（血液中出现酒精）。另一方面，格隆贝克（Gronbaek）博士牵头进行的著名的"丹麦研究"证实：每天饮用3～5杯葡萄酒的人死亡率最低。

最佳剂量至少与三个因素相关。

（1）体重：肥胖者往往更容易代谢酒精。

（2）性别：所有女性都清楚，她们对酒精的耐受程度远远小于男性。原因在于她们的体重轻，脂肪含量高，肝脏和胃的 ADH（一种能使酒精代谢的酶）水平低：女性要比男性少50%。

酗酒的危害

正如滥用药物一样，一般情况下，过量饮用葡萄酒或烈酒造成的危害，远大于适量饮用带来的益处。这就是前面提到的 U 形曲线所反映的问题。

每天饮用葡萄酒超过 4～5 杯时，过量的酒精会加速生成自由基，额外摄入的多酚类物质也无法全部抵消。由此导致的严重后果包括高血压、心脏病、心律不齐、心脏衰竭和中风（脑血栓、脑出血）。

过量饮酒还会严重伤害肝脏，增加感染肝炎的风险，而且，酒精中毒晚期引发的肝硬化几乎是致命的。免疫系统也会遭到破坏，引发恶性肿瘤。

总之，是药是毒取决于量。

（3）人种：最新研究表明，亚洲人和美洲印第安人的 ADH 水平要比欧洲人低 85%。

至于多酚含量，红葡萄酒明显高于白葡萄酒。同样的多酚含量，红葡萄酒喝两杯的话，白葡萄酒就要四瓶——这个量很少有人能接受吧！然而，一些研究，例如舒姆曼（Shumermann）博士所做的，也认为饮用白葡萄酒具有同样甚至更多的益处。

基于此，按照大多数科学家的观点，红葡萄酒最佳饮用量应是每天 2～3 杯，当然，那些酒后不会造成麻烦的人，最多也不能超过 3～5 杯，且必须随餐饮用。如果觉得不喝个小半瓶不过瘾的话——我理解这种心情，尤其是美酒配佳肴的情况下——那么我的办法是：每天仅有一顿正餐配酒。

第3章 葡 萄

葡萄树

　　一杯葡萄酒所含的 800 多种成分，连同它所有的香气和味道，都是由葡萄园里每颗葡萄的皮产生的。如今，绝大部分专家和酒庄主都认为，一瓶葡萄酒是否能成为极品，90% 取决于原料。葡萄酒的完美品质常常来自独特而知名的葡萄园。

　　香气馥郁、果味浓厚的葡萄是酿造好酒的必要条件，但绝非仅此而已。实际上，从葡萄园准备栽种到开启酒瓶的那一刻，整个过程就像一个复杂的链条，环环相扣，任何一个环节的疏漏都将破坏整个链条的质量。

葡萄品种或血统

　　我们先从葡萄品种讲起。葡萄品种携带的产生浓郁香气和最佳口感的遗传密码是关键要素。现在我们酿酒使用的 5000 多个葡萄品种或血统 [相比 "品种" 这个过于技术的词汇，我敬重的好友、美食评论家维克多（Victor de la Serna）先生建议我使用 "血统" 这个动听的葡语词]，几乎全部来自欧洲葡萄的栽培型亚种，它是至今西班牙内陆和意大利较为常见的森林葡萄的变种。图3-1是西班牙最早种植的西拉。在人工培育的酿酒葡萄品种中，仅有十几种能在原产地以外的地区酿出好酒 ❶；少量品种种植很广，因为它们具有优质的遗传基因，能在不同土壤和气候条件下酿制好酒。最好的例子是两个法国品种：红色的赤霞珠和白色的霞多丽。它们适应不同土壤和气候，为人们所熟知，这在商业上是极大的优势，虽然不一定在每个产区都能酿出好酒。表 3-1 和表 3-2 分别列举了西班牙产区的主要品种和世界其他相关品种。

图 3-1　西班牙最早种植的西拉，位于瓦尔德普萨庄园，请注意它的棚架

---

❶ 二者的区别在于，野生品种是雌雄同株，也就是说，它的花仅有一种性别；而人工栽培的，是雌雄异株的（它的花是两性的），这有助于授粉及提高产量。

相知相伴葡萄酒
Entender De Vino

表 3-1   西班牙产区主要品种

名　称	颜色	地　区
艾伦或莱伦	白色	里尔城，昆卡，托雷多，阿尔瓦塞特，穆尔西亚，拉曼恰，科尔多瓦
阿尔巴利诺或亚华连奴（葡萄牙）	白色	加利西亚
阿比洛	白色	埃斯特雷马杜拉，阿维拉，加利西亚，马德里，巴利阿多里德，昆卡，瓜达拉哈拉，瓦伦西亚，阿尔瓦塞特
博巴尔	红色	瓦伦西亚，昆卡
赤霞珠 *	红色	加泰罗尼亚，纳瓦拉，卡斯蒂亚与莱昂，卡斯蒂亚-拉曼恰，韦斯卡，阿利坎特
佳丽酿或玛祖埃罗或佳利浓（法国）	红色	加泰罗尼亚，里奥哈，纳瓦拉
卡耶塔娜	白色	埃斯特雷马杜拉
霞多丽 *	白色	加泰罗尼亚，纳瓦拉，阿拉贡，卡斯蒂亚-拉曼恰
白歌海娜	白色	加泰罗尼亚，阿拉贡
红歌海娜或阿拉贡内斯，或赤阿拉贡	红色	里奥哈，马德里，纳瓦拉，阿拉贡，托雷多，加泰罗尼亚
红歌海娜或阿利坎特	红色	加利西亚，卡斯蒂亚-拉曼恰，布尔戈斯，巴利阿多里德，莱万特，韦斯卡
琼瑶浆 *	红色	韦斯卡
格德约	白色	加利西亚，莱昂
格拉西亚诺	红色	纳瓦拉，里奥哈，卡斯莱亚-拉曼恰
宏大利比	白色（苏黎白）	比斯开
	红色（贝尔察）	比斯开
玛卡贝奥或维尤拉	白色	加泰罗尼亚，纳瓦拉，里奥哈，巴利阿多里德
马尔瓦	白色	马德里，瓜达拉哈拉，托雷多
马尔维萨或苏比拉特	白色	巴塞罗那，瓦伦西亚，阿拉贡，纳瓦拉，加纳列群岛，里奥哈，萨莫拉
门西亚	红色	阿斯图里亚斯，桑坦德，莱昂，加利西亚
美乐 *	红色	加泰罗尼亚，纳瓦拉，杜埃罗河岸，韦斯卡
梅塞盖拉	白色	莱万特，塔拉戈纳，特鲁尔，莱利达

续表

名　称	颜色	地　区
莫纳斯特尔或慕和怀特（法国）	红色	莱万特，阿尔巴塞特，加泰罗尼亚，穆尔西亚
亚历杭德里亚或马拉戈的麝香葡萄	白色	瓦伦西亚，马戈拉
梅努多麝香葡萄或马斯喀特（法国）	白色	纳瓦拉
帕拉米诺·菲诺或赫雷斯或利斯坦	白色	加的斯，加利西亚，莱昂，巴利阿多里德，萨莫拉，韦尔瓦，加纳利群岛
帕迪略或帕迪纳	白色	巴达霍斯，阿尔巴赛特，昆卡
帕雷亚达	白色	加泰罗尼亚
佩德罗希梅内斯	白色	科尔多瓦，马拉戈，加的斯
黑比诺*	红色	加泰罗尼亚
普列托皮库多	红色	莱昂
雷司令*	白色	加泰罗尼亚，穆尔西亚，韦斯卡
长相思*	白色	卡斯蒂亚与莱昂
西拉或西拉子*	红色	卡斯蒂亚-拉曼恰，穆尔西亚，加泰罗尼亚，马德里
普兰尼洛或乌尔德耶布雷或红菲诺或国家红，或森希贝尔或马德里或托罗或罗里斯（葡萄牙）或阿拉贡（葡萄牙）	红色	里奥哈，卡斯蒂亚与莱昂，埃斯特雷马杜拉，马德里，卡斯蒂亚-拉曼恰，纳瓦拉，加泰罗尼亚
妥伦特斯	白色	加利西亚
特雷萨杜拉	白色	加利西亚
韦尔德贺	白色	巴利阿多里德，塞哥维亚
维尤拉或玛卡贝奥	白色	里奥哈，纳瓦拉，阿拉贡，巴利阿多里德，巴达霍斯，里尔城，加泰罗尼亚
沙雷洛	白色	加泰罗尼亚

*　为国际品种。

相知相伴葡萄酒

Entender De Vino

表 3-2 　　　　　　　世界其他相关品种

名　称	颜色	地　区
蓝法兰克	红色	奥地利
品丽珠	红色	波尔多（法国），杜罗河（葡萄牙），加利福尼亚，澳大利亚
佳美娜（卡曼娜）	红色	中央谷（智利）
神索	红色	法国南部，科西嘉岛，南非和马格里布
莎斯拉	白色	德国，瓦莱州（瑞士），罗马尼亚，匈牙利，智利
白诗南	白色	加利福尼亚，卢瓦尔河谷（法国），南非，阿根廷，智利
福名特	白色	托凯伊（匈牙利），奥地利
佳美	红色	博若莱与卢瓦尔河谷（法国），纳帕山谷（加利福尼亚）
绿魁	白色	奥地利
洛雷罗	白色	葡萄牙北部
马尔白	红色	波尔多（法国），门多萨（阿根廷）
玛珊	白色	罗达诺（法国），加利福尼亚，澳大利亚，瓦莱州（瑞士）
米勒	白色	卢森堡，德国，瑞士，奥地利，匈牙利，新西兰，英国
内比奥罗	红色	皮尔蒙特（意大利）
贝里桂答或法国卡斯特拉奥	红色	葡萄牙
小维铎	红色	波尔多（法国），纳帕山谷（加利福尼亚）
灰比诺	白色	意大利北部，斯洛文尼亚，奥地利，罗马尼亚，阿尔萨西亚（法国），加利福尼亚，德国，奥地利
莫尼耶比诺	红色	香槟（法国）
皮诺塔吉	红色	南非
胡桑	白色	罗达诺（法国）
桑娇维塞	红色	门多萨（阿根廷），托斯卡纳（意大利）
赛美蓉	白色	波尔多（法国），猎人谷（澳大利亚），中央谷（智利），门多萨与黑河（阿根廷）
沙斯露	白色	马德拉（葡萄牙）
西万尼	白色	德国，斯洛文尼亚，瓦莱州（瑞士）
丹那	红色	卡奥尔（法国），乌拉圭
阿根廷妥伦特斯	白色	里奥哈，萨尔塔与门多萨（阿根廷）
葡萄牙多瑞嘉	红色	杜罗河，杜奥和阿连特茹（葡萄牙）
特来比亚诺或白玉霓	白色	意大利中部，法国南部，阿根廷
普雷塔特林加岱拉	红色	葡萄牙
华帝露	白色	马德拉（葡萄牙），澳大利亚
维奥涅	白色	孔德里约与奥克地区（法国），加利福尼亚
增芳德	红色	索诺马和纳帕山谷（加利福尼亚）

西班牙佳酿所用品种

———————●———————

如表 3-2 所示，只有少数品种能酿制世界上最优质的葡萄酒，它们均来自欧洲。不过，某些品种，如增芳德（原产意大利），在新世界也能有非凡表现，酿出好酒。在西班牙，大部分好酒都是纯正的西班牙品种酿制的。不过，我们的酒庄主也懂得引进某些外来品种，并用它们酿制美酒，与国际同行竞争。

丹魄。如图 3-2 所示。这是西班牙最优质的红色葡萄。里奥哈的所有佳酿全都使用这个品种，多罗河产区优质陈酿型红葡萄酒最重要甚或唯一的品种也是它。它还是萨莫拉（多罗法定产区）、纳瓦拉、门多萨（阿根廷）非常重要的品种，在卡斯蒂亚-拉曼恰大区，它被叫作森希贝尔（Cencibel）。

图 3-2 丹魄

丹魄源自里奥哈，尤其适宜相对凉爽、日照强度大的气候，而这正是海拔相对较高的地中海气候的特点（里奥哈 400 米，多罗河 900 米，门多萨 1000 米）❶。

———————————

❶ 指平均高度，仅供参考。

最好的丹魄酿制出的酒优雅醇厚，果味浓郁，历久弥香。这个品种最主要的特点是，能酿制众多美酒，比如桃红葡萄酒，和里奥哈阿尔维萨地区收获季节用二氧化碳浸渍方法酿制的葡萄酒。另外一个重要特点是，它对烹饪也起着重要作用，特别是它能与很多地中海典型食材搭配，包括餐前小吃、面条、米饭、鱼类、禽类、猪肉、野味或奶酪等，这使丹魄在这个地区的前途一片光明。

格拉西亚诺。这也是里奥哈品种。种植规模小，但潜力很大。在相同条件下，所酿葡萄酒要比丹魄结构感更强，颜色更深，这使它不仅是最贵的里奥哈美酒之一，也是里奥哈和托雷多最优秀的单一品种葡萄酒。

歌海娜。如图 3-3 所示。这个西班牙历史上种植最多的品种，就在不久前，还受到专家和普通消费者冷落。主要因为，很多传统的歌海娜酒在酿造过程中没能充分浸渍，结果在瓶中很快被氧化。

作为后起之秀，普利奥拉特产区葡萄酒馥郁的果香令人陶醉，它的主要品种就是歌海娜和佳丽酿，配以少量赤霞珠和西拉。这使歌海娜摆脱尴尬境地，声名鹊起。在法国教皇新堡地区，歌海娜的名字是格里那什，在那里它是最主要的葡萄品种（还有另外 11 个品种，如慕合怀特或西拉）。

图 3-3　歌海娜

这个源自阿拉贡（Campo de Borja 产区佳丽酿）的品种，在 Terras Altas（西班牙 Tarragona 市）产区，也能与几个当地品种一同酿制优质红葡萄酒。在里奥哈，它被称为丹魄的小"合伙人"。纳瓦拉市用它酿制的桃红葡萄酒味道很好，而在法国的普罗旺斯，它酿制的桃红葡萄酒与 Tavel 产区的不相上下。

歌海娜生长周期长，很适应相对炎热的地中海气候。

莫纳斯特雷尔。如图 3-4 所示。种植在大陆性气候、光照强烈的地区，如 Almansa（卡斯蒂亚-拉曼恰大区）、Yecla 和 Jumilla（穆尔西亚市），以及瓦伦西亚大区和加泰罗尼亚大区。除酿制桃红葡萄酒外，还能单独或与其他品种一起酿制果香浓郁的新酒。在罗纳河谷的教皇新堡产区，它是很多酒庄，如博卡斯特尔庄园，使用最多的品种。法国一个很小的 D.O. 产区邦多尔，用这个品种——在这里它的名字是 Mourvedre——酿制一种存放时间非常久的佳酿，居然有波美侯产区大酒的味道。慕合怀特在澳大利亚也被称为 Mataró，它能酿制澳洲最好的酒款。

红歌海娜或阿利坎特。这个品种与慕合怀特种植地区相同，最大特点是果肉呈红色。加之果皮中含有花色素苷（色素）和多酚（单宁），可酿制结构感强、酒体庞大、色泽艳丽的佳酿。但讽刺的是，

图 3-4 莫纳斯特雷尔

55

人们只看重它的色泽，于是它成了著名的混酿品种（将普通葡萄酒混合）。事实上，过去几个世纪，波尔多人一直用它来酿制著名的梅克特地区的葡萄酒。直到19世纪初，拿破仑对英国实行"大陆禁运"政策，才阻止了这个品种的进口。从这时起，它就被罗纳河谷赫米塔兹的西拉（Syrah de Hermitage）——波尔多人赫米塔兹葡萄品种的起源——所取代。红歌海娜——在西班牙之外的地区叫做阿利坎特——也源自已灭绝的、著名的赫雷斯品种 Tintilla de Rota，它在维多利亚时代之前的英国深受人们喜爱。

阿连特如（葡萄牙）产区几种最好的陈酿型干红葡萄酒主要用这个品种来酿制。但在西班牙，它还在等待伯乐的出现。

门西亚。主要种植在 El Bierzo（莱昂）和 Valdeorras（加利西亚）地区，用它酿制的葡萄酒口感细腻、香气馥郁、历久弥香，在国际市场大获成功。

西班牙最好的白葡萄品种包括以下几种。

阿尔巴利诺。如图3-5所示，在 Rias Baixas（加利西亚，有人翻译成下河岸）产区，用这种葡萄酿造的、大名鼎鼎的阿尔巴利诺白葡萄酒，是美味的加利西亚海鲜不可或缺的佐餐酒。该品种适应海湾地区潮湿温和的海洋性微气候，而且传统上使用葡萄棚架（不过最近也开始使用篱架），用它酿造出的葡萄酒香气浓郁、优雅细腻，很受西班牙人喜爱。最近，这种佳酿也开始出现在世界顶级餐厅的酒单上。

图3-5 阿尔巴利诺

格德约。加利西亚另一个优良品种，种植在瓦德拉斯（奥伦塞）D.O.产区，用来酿制西班牙几种最好的白葡萄酒，非常适应希尔河高谷地区介于地中海气候与大西洋气候之间的独特气候。

韦尔德贺（或称青葡萄）。如图3-6所示。这种绝佳的卡斯蒂亚白葡萄几乎是鲁埃达产区（D.O. Rueda）独有的，所酿葡萄酒果香浓郁，特点鲜明，让人唇齿留香。这种酒结构特殊，经过橡木桶中发酵和陈酿，口感细腻，结构复杂，适宜久存。

维尤拉或玛卡贝奥。里奥哈品种，目前已扩种至卡斯蒂利亚-莱昂、加泰罗尼亚与拉曼恰，原本用来酿造里奥哈经典白葡萄酒，但这种酒在今天销量已很有限。目前主要用来生产年轻的白葡萄酒和气泡酒。

帕洛米诺菲诺。如图3-7所示。用来酿造赫雷斯白葡萄酒、上等雪莉酒、曼扎尼拉酒和芳香型雪莉酒，非常适应石灰质土壤——著名的赫里斯白色土壤——及炎热潮湿的大西洋气候。

图3-6 韦尔德贺

佩德罗希梅内斯。虽然很多人对咖啡色葡萄酒，如甜雪莉酒，居然是用白葡萄酿造的感到吃惊（赫雷斯阴暗的酒窖，木桶陈酿过程有控制地氧化，这就是奥妙所在），这个卓越的甜酒品种，与麝香葡萄一起，造就了西班牙最好的餐后甜酒。

相知相伴葡萄酒

Entender De Vino

就像西班牙品种丹魄、歌海娜、佳丽酿和慕合怀特在法国、加利福尼亚和澳大利亚扎根一样，西班牙也成了法国甚至德国品种的沃土。这里我举几个例子。

赤霞珠。如图3-8所示。全世界红葡萄酒品种之王，在西班牙有着悠久历史。19世纪60年代，Riscal侯爵将它引入埃尔西耶果（里奥哈），与他同时代的Eloy Lecanda先生也把它和美乐、马尔白一起引入Vega Sicilia酒庄（杜埃罗河岸产区）。

这些来自梅多克（波尔多地区）的赤霞珠，与丹魄一起，酿造出酒体强劲、风味优雅、可以存放很长时间的美酒。

20世纪60年代，Miguel Torres和Jean León先生，开始用自家Penedes葡萄园的赤霞珠，酿制单一品种红酒，其中Más La Plana和Jean León成为了西班牙存放最久的酒。1974年，我首开卡斯蒂亚-拉曼恰大区之先河，在Malpica de Tajo市（托雷多）瓦尔德普萨庄园种植了14公顷赤霞珠；30年之后，当我品尝用它酿造的老年份和新年份的酒时，我仍认为当时的

图3-7　帕洛米诺菲诺

图3-8　赤霞珠

决定很正确。如今,赤霞珠再一次在里奥哈、纳瓦拉、莱里达、索蒙塔诺、雷阿尔城和其他很多地方取得了不错的成绩,包括单一品种和与丹魄的混酿。

美乐。波尔多另一个伟大品种,许多波尔多右岸(圣艾米隆和波美侯地区)的好酒就是用它酿造的。此外,在纳瓦拉、佩内德斯和索蒙塔诺等地,它也有着不俗的表现。

西拉(如图3-9所示)和维奥涅。1982年,著名酿酒师 Emile Peynaud 建议我在瓦尔德普萨种植西拉,9年之后我付诸行动,至今仍感欣慰:今天,西拉成了西班牙炎热地区最有前途的品种之一。卡斯蒂亚-拉曼恰最好的酒庄葡萄酒都是用它来酿造的。很多专家预言,正如之前的赤霞珠和美乐,西拉将成为下一个"大繁荣"的主角。对于西拉的白色伴侣——维奥涅,卡斯蒂亚-拉曼恰已经用它酿造了一款卓越的白葡萄酒。

图3-9 西拉

小维铎。波尔多品种中名气较小的品种,参与梅多克地区所有顶级酒庄的酿制,未来几年将大有一番作为。1992年,它首次在波尔多之外的地区——瓦尔德普萨庄园和杜埃罗河产区旁边的 Abadia Retuerta 被种植,而且,西班牙和全世界第一批小维铎单一品种佳酿果香芬芳、唇齿留香。

黑比诺。这个伟大的勃艮第品种,在西班牙和世界其他地方,仍以其难以适应勃艮第之外的气候而出名。

霞多丽。如图3-10所示。国际上白葡萄品种中无可争议的女王,是唯一在其原产地(法国勃艮第)种植的白葡萄品种[1]。对不同气候与土质超

---

[1] 译者注:原文如此。

相知相伴葡萄酒
Entender De Vino

强的适应能力可与赤霞珠相媲美，它因适应能力强而闻名，使它可以在全世界所有种植葡萄的国家，被用来酿制不错的白葡萄酒，当然，寒冷地区除外，如德国的莱茵河和摩泽尔。

霞多丽的其他优势在于它的果香和结构，非常适合在橡木桶中发酵和陈酿；而且，用它酿制的葡萄酒种类繁多，从不经陈

图 3-10　霞多丽

酿的清淡的夏布利酒到度数很高的加州私人珍藏，创造了无数美食搭配组合。西班牙顶级霞多丽酒产自佩内德斯、索蒙塔诺、纳瓦拉和阿尔巴塞特。

长相思。 如图 3-11 所示。20 世纪 70 年代，伟大的酿酒师 Emile Peynaud 将它引入鲁埃达产区。如今，它是这一产区无可争议的主力品种，用它酿造的卡尔多斯葡萄酒，其品质可与波尔多最好的格拉芙白葡萄酒（Graves），或新西兰的长相思相媲美。木桶陈酿提升了口感的复杂性和久存的潜力，它还能很好地与本地品种韦尔德贺混酿。

图 3-11　长相思

麝香。如图 3-12 所示。虽然这个来自东地中海的品种在西班牙已种植几百年，但它的原产地并不是西班牙（当然，西班牙对于它也很重要），虽然它的某个变种——例如最有趣的纳瓦拉小粒麝香（法国称为马斯喀特）——可能属于西班牙特有品种。这个品种的代表作是纳瓦拉、阿利坎特甜酒和马拉加省阿萨尔基亚酿造的美酒。

马尔维萨。大概这是迄今为止所知最古老的地中海品种，源自古希腊。在西班牙各地，尤其是里奥哈、多罗河（卡斯蒂亚 - 莱昂）与加纳利群岛都有种植。

琼瑶浆与雷司令。这两个中欧的优良葡萄，从罗马帝国开始，就种植在德国莱茵河和摩泽尔陡峭的山坡上，还有奥地利和阿尔萨斯，但最适合它生长的地方还是索蒙塔诺。这些酒果香浓郁，与东方美食搭配甚佳。

图 3-12 麝香

单一品种还是混酿？

主张单一品种的人不断增加，而坚持多品种混酿的也依旧存在，混酿即用多个品种一起酿制。例如，在加利福尼亚，酒商把混酿产品统一称为

相知相伴葡萄酒

Entender De Vino

"Meritage"来进行推广。坚持这样做的人认为，多品种酿制会最大限度地保证葡萄酒口味的复杂性。

我承认最后这种看法有其合理的一面，葡萄酒世界很复杂——当然这是好事——因而不可能制定绝对或一成不变的规则。杜埃罗河岸产区坚持使用单一品种丹魄，但其最负盛名的葡萄酒（Vega Sicilia Único）就是多品种混酿的。相反，波尔多更倾向使用多品种混酿，但其最杰出的葡萄酒之一——波美侯地区的柏翠，就是100%美乐酿造的❶。

两个历史"品种"

西拉（Syrah）或西拉子（Shiraz）：诺亚方舟上的葡萄？

西拉——法国罗纳谷使用的名字——在澳大利亚被称为西拉子，它与盛产红葡萄酒的波斯古城拥有同一个名字。传说，诺亚方舟在大洪水过后抵达波斯北部，而诺亚在亚拉腊山山坡种下的葡萄园就叫西拉子。2500年前，波斯王肯比塞斯在离西拉子城很近的地方建立了波斯波利斯城，而这里的浮雕就刻有祭祀用的葡萄酒。1200年以后，在伊斯兰帝国，古老的地中海文明中代表文化与和平共处的葡萄酒生存了下来。在17世纪Sha Abbas建立的伊斯法罕美丽的宫殿Chene Sotun里，收藏了大量来自Sha酒庄的酒瓮，还有美丽的壁画，上面的男人和女人们一边享用醇香美酒，一边欣赏音乐。

---

❶ 译者注：原文如此。

小维铎：西班牙—罗马葡萄品种可能的幸存者

————————————— ● —————————————

1983 年春，我有幸第一次品尝到橡木桶里的小维铎。曾创新波尔多和世界其他地区葡萄酒生产工艺的酿酒大师 Emile Peynaud，邀我在玛歌酒庄新建成的地下储酒室里品尝。它深沉的色泽、强劲的香气和悠长的回味给我留下了深刻印象，它既复杂，又独特。大师笑着对我说："这个品种很难伺候，只有在阳光非常好的年份，比如 1982 年，才能熟成这样。"他好像猜到了我在想什么，总结道："我不推荐您种植它。"

尽管如此（或许正因如此），我开始收集这个品种的信息。小维铎现在在波尔多仍被当作 Vidure，专家将其认定为波尔多最古老的品种 Vidure 或 Balisca。而 Roge Dion 则把它当成 Biturica（很多罗马人也将它称为 Cocolubis），根据伟大的罗马作家 Columela 的记述，塔拉戈南西斯省的葡萄园从埃布罗河一直绵延到现在的里奥哈，而它出产的最好的葡萄酒正是用这一品种酿造的。直到 17 世纪末，波尔多最古老的一级庄 Haut Brion（红颜容，也称奥比昂）仍把小维铎作为最主要的酿酒品种，而现在它的比例则在 5% 以下。我对这种葡萄的兴趣日渐浓厚。如果是一种源自西班牙且喜阳光的葡萄，它就一定能适应托雷多的气候。1991 年，在加州纳帕谷最靠近 Santa Helena 市的小上坡上，我在一个精英酒庄，再次品尝了橡木桶里的小维铎（通常，人们都只能从橡木桶里取出并品尝它）。这个酒庄当时的酿酒顾问是大名鼎鼎的 Michel Rollad，而酒庄现在已经为轩尼诗

（Moet-Hennessy）公司所有。于是，我再一次被它深沉的色泽、复杂的香气和口味吸引了，它是那样与众不同，而又回味无穷。这一次，我证实了，它完全能够适应白天日照强、夜晚凉爽的地中海气候。

5 年后，我们品尝到了我的橡木桶中第一杯小维铎（2004 年份），而这次是在瓦尔德普萨庄园。英国买家在沉默很久之后，用他美丽的灰色眼睛告诉我：如果单品种灌装，他会把它全部买下。

2002 年 7 月，世界级葡萄酒权威杂志法国 *Revue des Vins* 总监，或许也是法国最有影响力的评论家 Michel Bettane 先生，这样描述了在瓦尔德普萨酒庄品尝 2000 年份小维铎的感受："葡萄园位于托雷多的田野高处，很明显，这使得这些波尔多品种能够完全成熟。这款酒充满了令人陶醉的黑莓芳香，口味异常纯净，完全没有了橡木的影子，令人激动的质感或结构，柔和的单宁，真是一款令人愉悦、口感极佳的酒，它绵长的香气甚至充满了我的鼻腔。我不知道波尔多还有什么能与之媲美，在这里（瓦尔德普萨），这个品种能酿造一种介于美味的西拉（黑莓香味）和美味的黑比诺（单宁的纯粹和细腻）之间的葡萄酒。"

2006 年，在巴黎著名的葡萄酒商店"Lavina"举行的世界百大名庄会议上，这款酒再度入选。

酒庄葡萄酒：欧洲传统

选择了一种或几种葡萄后，酿造好酒的第二个关键因素，就在于为这些带着优良基因的品种选择适宜的土壤和气候。

勃艮第（也是世界上）最有名的三种葡萄酒——罗曼尼·康帝、里奇堡和拉塔希——产自相邻的三小块地，土地性质没什么差别，面积在 1～5 公顷之间，种的都是勃艮第唯一红葡萄品种黑比诺，属于同一块山坡、同一位主人。同样的酒庄主用同样的加工工艺酿制了三款葡萄酒；都使用 Allier 同一厂家的全新橡木桶陈酿，然而，这三款卓尔不群的美酒，几个世纪以来，一直都保持着互不相同的鲜明个性。

酒庄两个合伙人之一，我的好朋友 Aubert de Villaine，对此做出了浅显易懂的解释：当康帝王子击败竞争对手，当时法王路易十五的情人彭巴杜夫人买下这块葡萄园时，支付了天文数字，因为她知道这小块地是绝无仅有、独一无二的。"小块地"可以翻译为"Pago"，现在所有法国葡萄种植者都用这个词来形容一块葡萄园的全部特质——土壤、下层土、坡度、朝向、微气候，这样我们就能更好地理解，为什么世界上大部分优质葡萄酒都来自某个葡萄园、酒庄或庄园的某一块或某几块地，以及为什么尽管每年气候不同，这些地产的酒总是以其独特风味在葡萄酒世界里拔得头筹。

传统的欧洲种植理念，总是很重视土壤，视其为葡萄树的生理基础和营养源。正如我们所见，2000 多年前，加的斯人 Lucio Columela 详细描述了一块优质土地的特性，特别推荐了石头多的土地和斜坡地。他的观点在今天来看仍有道理，因为多石和位于斜坡上的土地便于排水——所有葡萄园都重视这一点，如果朝向好，还能接受更多的日照，减少霜冻风险。

法国"地话"（terroir）概念出现在中世纪勃艮第，包括所有相关要素，用法国葡萄种植的传统理念看，它与某个葡萄园的特性，如土壤、下层土、朝向和微气候是一致的。当然，如果这些地出产的葡萄与其他地块的果实分开酿制的话，这些要素只能通过葡萄酒来表达。在"小块地"的文化里，酿制大酒的艺术，从一个采摘季到另一个采摘季，最大限度地表达出土地本身的特质。

在波尔多，"小块地"还有个名字叫"Cru"，它意味着贵族气的所有权概念，它的理念即葡萄园和酒庄拥有相同的产权。从17世纪开始，某些法国名庄，例如格拉夫的红颜容酒庄或梅多克的拉菲和玛歌酒庄，开始被伦敦酒吧或英国贵族官殿里的人熟悉；两个世纪后的1855年，一份包括62家酒庄的波尔多列级酒庄名单（grand crus classes）被最终确定，并一直沿用至今。

相反，在勃艮第，很多葡萄园面积都不大，每个"小块地"产的葡萄往往被运输到最近的小酒窖进行酿造。然而，这正是关键所在，最好的"domaines"——另一个相当于"小块地"的词——酿酒，其发酵、陈酿和装瓶都是分别进行的，这使它保持了与众不同的个性。

欧洲其他地区至今仍保留了类似的体系。一些托斯卡纳酒庄，与波尔多或勃艮第列级酒庄一样历史悠久，享有盛誉。不过，在西班牙，直到19世纪下半叶，才出现了一些独特的葡萄园，例如里奥哈产区Marques de Murrieta的Ygay庄园，或者Vega de Santa Cecilia——就是今天我们熟知的杜埃罗河岸产区Eloy de Lecanda先生的Vega Sicilia酒庄。不过，大部分西班牙酒庄还是选择了一些知名产地，如法国香槟或西班牙赫雷斯地区盛行的工业模式，以分工为基础：农户负责种植葡萄，并把葡萄卖给酒庄，他们把不同地块的葡萄都混在一起。这与"小块地"文化所坚持的正好相反：获得无差别的质量。在香槟或赫雷斯地区尤甚，他们甚至通过"叠桶法或索雷拉系统"来消除年份差异。

工业模式建立在规模经济的基础上，毫无疑问，从企业角度看，无疑有利于更高效，更能应对来自管理机构和公众的压力。当20世纪出现政府大力支持的合作运动，工业模式建立，小块地的酿酒模式似乎要走向灭亡。20世纪中叶，Vega Sicilia和众多波尔多顶级酒庄忧心忡忡，而大型酒庄则迅速增长，网罗各方的分销渠道不断发展，更助长了这一趋势。

最近几年，情况又有所变化。一批有修养的消费者越来越崇尚产品品质，并愿意付高价购买独特、与众不同和相对稀缺的产品。

"小块地"的概念，如戒指适合手指大小，正好契合了这样的需求，因而成为信息时代——这个越来越注重生活、旅游和美食质量的时代——的宠儿。"小即是美"的口号，开始波及酒店、餐厅，当然，葡萄酒也不例外。"小块地文化"，因不断增长的需求而获益颇丰，再度繁荣，几乎所有优秀的葡萄酒出产国家和地区都出现了大量的"膜拜酒或车库酒（Vino de Culto）"，尽管其价格不菲，但有时真是一瓶难求，餐厅和商店只需几个月时间即告售罄。

毫无疑问，这是一场精英运动，在某种程度上，使一些大型酒庄前景暗淡。然而相反的是，很多酒庄正在搭上"Vino de Pago"的便车，正如最近刚火起来的普利奥拉特产区——对于任何一个葡萄酒产区扩大国际影响力来说，这都有着非常重要的意义。对于美酒爱好者而言，这一运动也为他们提供了越来越优质、越来越有个性的葡萄酒，使他们获得更大的愉悦和享受。

卡斯蒂亚-拉曼恰大区首先为获得市场认可的高品质"Vino de pago"争取到了自有的原产地认证。2003年，经过同红酒行业最保守的部门长达几年的协商，农业部批准了新的《葡萄园及葡萄酒法》，其中第24条规明确了酒庄葡萄酒的概念及具体法律要求。

西班牙卓越酒庄联盟（我有幸担任会长）致力于向海外推广最好的"Vinos de Pago"，正如法国波尔多列级庄协会和德国著名的VDP所做的那样。

第4章 人们的工作

传统种植 VS "现代种植"

地中海欧洲和西班牙所有重要产区（赫雷斯和加利西亚除外），至今仍有一些葡萄园沿用传统种植方式，人们采用"高杯式"方式种植葡萄，而不用木杆或细铁丝搭架。其实这种经济的方式，只适合在干旱和日照强度高的地区生产极品酒，只能维持低产，即每公顷土地出产葡萄低于5000 公斤（一公斤葡萄酿出不到一瓶葡萄酒）。

但是，在西班牙和欧洲其他地区，以及越来越多的新葡萄园，人们选择使用篱架系统，葡萄藤用木杆和细铁丝搭架。赫雷斯、波尔多、勃艮第或基安蒂等著名产区均使用这种方式，它可以使葡萄叶更多地接收阳光，有效控制害虫——特别是由菌类引起的霜霉病或白粉病——而且，如果每公顷葡萄不超过 6000 ～ 8000 公斤，还是可以酿出好酒的。

20 世纪 70 年代开始，美国专家 Nelson Shaulis，与澳大利亚专家Richard Smart，相继进行了一系列调查，并得出一致结论：任何一种水果，尤其是葡萄，其果皮香气与味道的形成都取决于光照；而且光照过程中，仅 6% 的与此过程相关的波长能穿透葡萄叶片。这个结论，第一次令人满意地解释了，为什么那些耕种多年、产出很低的贫瘠土壤反而总能产出优质的葡萄酒：这样的土地往往没有高大的植物生长，因此，葡萄树的叶和根能更好地接收光照，光合作用增加，从而能种出颜色深、香气浓、口味佳的葡萄。

如今，在这些科学研究的基础上，产生了一种新的葡萄种植文化，并在新世界国家（美国、澳大利亚、新西兰、阿根廷、智利和南非）逐渐盛

行，它正是基于"叶幕管理"（可以翻译为葡萄栽培管理或控制）这一概念。它是指位于日照强度大的地中海气候区、使用滴灌技术和高篱架的葡萄园，用比传统方式更多的细铁丝搭成的开放的"竖琴式"，方便所有叶片和葡萄串都能受到阳光直射。这个创新可以使每公顷土地产出15 000公斤高质量的葡萄。但由于在欧洲认证产区禁止使用（原产地认证区禁止这个创新，将其视为异教），它的应用对于新世界国家而言，意味着巨大的技术优势。

任何葡萄园的工作，都包括冬夏修剪、打药以防虫除草及滴灌施肥。

葡萄采摘

葡萄完全成熟后，就可以采摘了。理想的方式是人工采摘，但在大面积篱架种植园内，机械采摘更好，因为可以及时采摘，或者在昼夜凉爽时分采摘。

人工采摘葡萄，是一种观赏性很强的农业活动，爱好美酒的人尤其值得一试。一切都是那么地令人愉悦：阳光绚烂，但又不像盛夏那般刺眼，葡萄园变成了色彩的海洋：红色、黄色、赭石色，交响着秋天的音符。图4-1是弗朗西斯科·戈雅所作的《采摘》。

深紫色、金黄色的葡萄串，闪耀着大地的喜悦，洋溢着采摘者的欢乐。

从质量角度看，这是一项基础工作，对于一款高品质葡萄酒而言，其品质取决于所采摘葡萄是否完全成熟。为确保成熟，最好事先取样进行酸度和含糖量分析。随着葡萄渐渐成熟，含糖量（它决定葡萄酒的酒精含量）不断增加，酸度则减少。但是，葡萄完全成熟还包括其他很多过程，而且构成它的要素也极为复杂。如果可能，建议进行果皮分析以验证其成熟度，

图 4-1 弗朗西斯科·戈雅的《采摘》

但实际上，没有什么能完全替代人类的味觉。无论是葡萄园主人还是酿酒师，对他们来说，只有品尝过后，才能确定葡萄是否真正成熟。一颗葡萄所含的味道与芳香，在完全成熟之前的一星期渐入佳境，而一旦过了最佳采摘期，只要几天，质量就会下降。

酿　制

在发酵车间，一次高质量发酵的基本目标，是最大限度地提取并保存成熟葡萄所含的香气与味道。为此——特别是在地中海炎热地区——一定要避免不必要操作，并控制发酵温度。葡萄汁或葡萄酒的氧化，直到60年代才为人们所掌握——当加利福尼亚人在可控温度下，用我们今天普遍使用的不锈钢罐进行发酵——这也是地中海气候区无法生产佐餐佳酿的主要原因：随着温度升高，氧化风险成倍增加。使用惰性气体或抗坏血酸进行储存与处理❶，或在存储室使用空调，也能避免这一严重问题。

酿造白葡萄酒和红葡萄酒有两个基础工艺；桃红葡萄酒的工艺与白葡萄酒类似，而起泡酒有其特定的酿造工艺，这里不再赘述。

1. 白葡萄酒的酿制

如图4-2所示，它是逐渐压榨葡萄的过程，使用气囊压榨机，葡萄串被一个可充气塑料皮囊轻柔地逐渐挤压。第一次压榨出的葡萄汁（头道汁或自流汁）叫做"精华"，有时单独进行发酵。通常情况下，凉葡萄汁被放在冷却罐中，然后通过倒罐将固体残渣分离出去。接下来，在温度

---

❶ 用惰性气体取代包含氧气的空气；抗坏血酸，例如人们熟知的维生素C，可消除溶解在葡萄酒中的氧气，并与之结合。

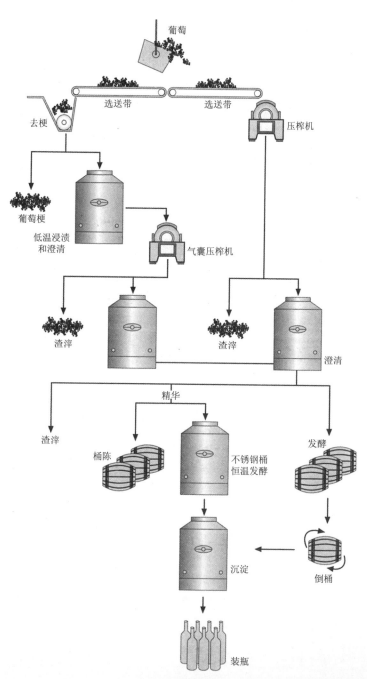

图4-2 白葡萄酒与桃红葡萄酒的工艺流程

17～20℃的可制冷不锈钢罐内进行发酵。

在著名葡萄品种霞多丽的故乡勃艮第，传统做法是直接将葡萄汁放在橡木桶内发酵，这样可以自然控制发酵温度（指规模相对较小的葡萄采摘），而且相较于之后的桶陈，这样做能更好地将全新或半新橡木的味道与葡萄酒融为一体。如今，几乎所有优质白葡萄酒都使用这种工艺。完成酒精发酵后，应部分或全部地进行乳酸发酵❶，这是对葡萄酒进行柔化，增加它的柔顺感和降低酸度的过程。

桶陈即在橡木桶中进行或长或短的陈酿，可以看作木桶发酵的延续。但它只适合结构感很强、可久存的白葡萄酒。

2. 红葡萄酒的酿制

如图4-3所示，与前一种酿造方法的实质区别在于，这种方法通过浸渍，将葡萄皮中所含的一些成分提取出来。葡萄汁在完成发酵之后（也就是说，将糖分转化为酒精，通常酒精度为10%～15%），变成一种溶解能力很强的酒精溶液。

酿制时间最短的酒，是用来在第一年就喝掉的，是一种很年轻的酒，被称为"二氧化碳浸渍"：将整串葡萄放入发酵桶。这种酒（典型代表是里奥哈阿尔维萨的"收获季节葡萄酒"以及博若莱新酒）口感清爽，果香浓郁，但只要超过10～12个月，香味就会散尽。

对于大多数红葡萄酒来说，包括佳酿级别的葡萄酒，都是从"除梗"（部分或全部去梗，将果实剥离）开始，然后（不限于高品质葡萄酒）进行"破碎"，利用泵，当然最好是重力法，把葡萄挤破，然后进入发酵桶。发酵桶可以是不锈钢、水泥或橡木的，一般在酿制质量上乘的葡萄酒时，都使用容量较小的桶（最大2万升）。发酵过程产生大量二氧化碳和热量，因此要通

---

❶ 这是一个细菌发酵过程，将苹果酸转化为乳酸，使二氧化碳分离，并显著降低葡萄酒酸度，使其稳定。

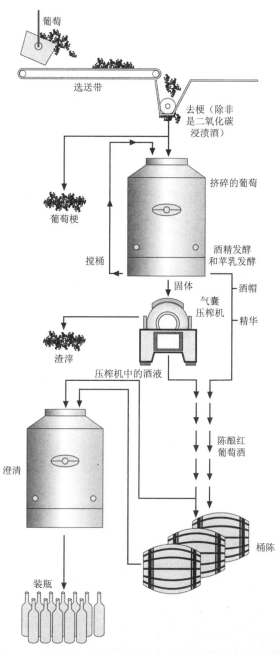

葡萄

选送带

去梗（除非
是二氧化碳
浸渍酒）

挤碎的葡萄

葡萄梗

搅桶

酒精发酵
和苹乳发酵

固体

酒帽

气囊
压榨机

精华

渣滓

压榨机中的酒液

陈酿红
葡萄酒

澄清

桶陈

装瓶

图4-3 红葡萄酒酿制简图

77

过发酵罐内部或外部冷却装置,使葡萄汁保持比白葡萄酒发酵过程高得多的温度(25～30℃),以便充分提取葡萄皮所含物质。同时,每天进行搅拌,让桶底的葡萄汁或葡萄酒上升到顶部,把漂浮在最上面的,由皮、籽和梗儿形成的"酒帽"打散。这道工序被称作"浸渍",它是酿制好酒的基本工序。如果是需要桶陈或用熟透的葡萄酿制的酒,这个过程要持续四周甚至更长时间,所得颜色深厚、单宁强烈的酒,非常适宜桶陈:最终成为可以存放很多年的高品质葡萄酒。

浸渍完成后,将桶内的液体倒出,将桶清空。大约85%的液体用重力法倒出,这部分被称为精华葡萄酒或自流酒;剩余15%,通过压榨"酒帽"里的固体残渣获得。如果有节制地榨取(也就是说,不榨到最后一滴),也就是使用白葡萄酒工艺中描述的气囊压榨机,榨出的葡萄酒将混入"精华"之中,成为同一批葡萄酒。

应当指出,使用优质成熟葡萄、通过长时间浸渍并充分提取葡萄皮所含物质的红葡萄酒,含有大量黄酮类化合物,它具有我们在《葡萄酒与健康》一章所提到的保健功效。

完成酒精发酵后,葡萄酒含糖量应小于4克/升,才能称为"干红"。接下来的步骤叫作"苹乳发酵",一般使用发酵罐,优质葡萄酒用木桶。

陈　酿

世界上很多最好的白葡萄酒和红葡萄酒,在装瓶之前,都要在橡木桶中存放几个月到几年不等,这个阶段被称为陈酿。尽管桶的大小不同,波尔多木桶——容量为225L或相当于750mL的300倍——目前已在五大洲广为使用，如图 4-4 所示。此外还有不锈钢桶，如图 4-5 所示。

图 4-4　波尔多一级庄 Margaux 酒庄新的陈酒间

　　我们已经看到，木桶的使用可以追溯到罗马帝国时代，当时高卢人主要用它来运输葡萄酒，而不是陈酿，直到 17 世纪，它才在波尔多和勃艮第地区流行开来。

　　目前使用的橡木桶有两种不同类型：欧洲橡木桶主要来自法国（阿利耶、讷韦尔或利穆赞），也有一部分葡萄牙、西班牙、英国、匈牙利和俄罗斯产的，而大部分美国橡木桶来自密苏里地区。欧洲尤其是法国橡木桶，更细密，常赋予葡萄酒更加细腻的口感，但价格一般是美国橡木桶的两倍。优质葡萄酒目前流行的做法，是在全新或半新（不超过 3 年）橡木桶中陈酿，时间则尽可能少（3～24 个月不等）。任何时候，它都是一个耗费资金的工艺（一个全新法国橡木桶的价格超过 600 欧元，使用期较短，并且需要精心保养）。因此，人们会问，它在葡萄酒酿制中发挥怎样的作用？主要有以下几点。

（1）橡木桶是小型密闭容器，可以"滗析"葡萄酒，它通过重力作用消除酒中的杂质，这比利用大罐沉淀更有效：原因是，固体颗粒只需在木桶中经过很短的距离，即可沉淀到底部。这使得葡萄酒在装瓶之前，省去了过滤环节，避免了味道和香气的散失。

（2）全新或半新木桶所含物质（其中包括木材的单宁酸），能增加口感和香气的复杂性，而复杂性正是所有极品酒的基本特性。木桶陈酿增加的最重要的香味，如香草和香料（特别是丁香）味。

（3）木桶的多孔性促使有控制的氧化，不仅能软化单宁，还能稳定色泽，使葡萄酒圆润优雅，更易久存。

上述作用，仅第二项可通过添加"橡木片"，或在发酵罐底部放置"橡木板"（制作橡木桶的木板）来实现，但这两种做法在欧洲是禁止的，多在南半球酒庄使用。

图4-5　不锈钢桶能够有效控制葡萄汁的发酵温度

澄清、过滤、装瓶、贴标和瓶陈

从桶陈开始，葡萄酒就在不断澄清。传统做法——也是优质葡萄酒经常使用的方法——是加入蛋白（蛋清），通过它将悬浮的杂质沉淀到桶底。在重要的酿酒地区（如赫雷斯），澄清所用的大量鸡蛋，产生了一种美味的副产品：蛋黄派。另外一种可以接受的方法，特别是酿制白葡萄酒，是添加膨润土，这是一种非常细腻的粘土。如今，一些陈酿时间较长的优质葡萄酒，已经省略了"澄清"这个步骤，而且绝大多数好酒也不再"过滤"。事实上，葡萄和葡萄酒的每一道工序都会导致味道和香气的损失，也正是这个原因，世界上所有优秀的酿酒师都在试图减少对葡萄、葡萄汁和葡萄酒的加工过程，像过滤这样的程序，负面影响尤其严重。尽管对于无需陈酿的年轻葡萄酒而言，由于不能在橡木桶中自然沉淀，人为澄清必不可少，但也要尽可能减小动作幅度，尽量避免酒液剧烈晃动。诸如冷处理等方式，更应该摒弃。消费者也应当习惯少量沉淀的存在，要知道这并不是什么缺陷，反而是质量和信誉的保证。

葡萄酒在澄清之后应立即装瓶。这个步骤的关键是软木塞的质量，它不能短于44mm，且不能有太多空隙，当然，更不能有裂缝。一个珍藏级葡萄酒使用的70mm的优质软木塞，与酒瓶的价格相当，有时甚至更贵，但对于酒厂主人，尤其对于追求品质的酒庄主人而言，这绝对是一项很好的投资，因为软木塞对于瓶装葡萄酒而言，就像"阿喀琉斯之踵"。优质软木塞成本越来越高，也导致其逐渐被合成材料制成的瓶塞取代。

所有满载优质葡萄酒的酒瓶，都值得好好装扮。胶帽、正标、背标和

酒盒，是唯一能够传递到消费者手中的信息。它的设计应当独特、美观，除法律要求必须注明的信息外，还要尽可能包含法律没有强制要求注明的其他相关信息。从这个角度来讲，欧洲为保护原产地认证区域（DO），统一诸如"餐酒"或"珍藏级"等术语的使用，或授权认证产地的酒庄阻止其他酒庄标注产地或酿制过程的信息，是没有道理的。

　　如今，很少有酒厂坚持在贴标之前瓶陈（一年以上）的做法，与其说给他们增加成本，毋宁说是浪费消费者的银子。因为大部分葡萄酒爱好者都有自己的酒窖或酒柜，他们宁愿花较少的钱把酒买回家，然后在家里完成这一过程。

第5章 无边无际的万花筒

在"葡萄"那一章，我们了解到葡萄的品种有成千上万之多，但消费者熟知的只有极少数。

从德国莱茵河谷和摩泽尔产区或者葡萄牙杜罗河谷的陡峭山坡，到保加利亚和匈牙利的大陆平原；从勃艮第缓坡地到波尔多临海平原，葡萄种植区的气候与土壤异常多样化，我们来回顾一下：在地中海国家如意大利、西班牙、希腊，无论希腊岩石丛生的岛屿，赫雷斯的咸水湖（如图5-1所示），还是卡斯蒂利亚高原，如杜埃罗河岸产区，又如世界上最大的葡萄种植区

图 5-1　赫雷斯的咸水湖出产著名的菲诺、蒙蒂亚和奥拉罗索

拉曼恰，几乎所有地区和土壤都能种植葡萄。在美洲，从北纬50°的临海平原，如加拿大不列颠哥伦比亚省，到南纬40°左右的智利，中间跨越了加利福尼亚海岸或内陆峡谷（如纳帕谷和圣华金谷），以及阿根廷门多萨省和萨尔塔省的安第斯坡地，在那里甚至可以找到生长在海拔2000米以上的葡萄树。而在大洋洲和南非的地中海气候区，如悉尼北部猎人谷、澳大利亚东南部麦克拉伦谷、南非开普敦以及新西兰蔚为壮观的海岸峡谷，葡萄树大多种植在缓坡上。

最后，我们来看看形形色色的酿酒人：中欧人、地中海人、南美人、北美人、澳大利亚人、新西兰人、南非人，等等。他们代表着不同的葡萄酒文化和种植传统。此外，这些地区的"署名酒"也体现了不同酒庄主人、不同酒庄的个性特点。

千变万化的气候、土壤、酒庄、文化及个人，最终形成了今天的葡萄酒世界：一个无边无际的万花筒，千变万化的颜色、香气、口感，琳琅满目的酒标形象，从古典图案到先锋设计，既有寥寥几笔的勾勒，更有大师名家的设计。

当然，对葡萄酒世界的描述和分类，涉及很多的专业知识，之前许多重要作者都做了大量工作。这里我们最大限度地将这个工作简化，把它归纳成两个问题：葡萄酒的酿造工艺和它与美食的搭配。我们可以从美食角度，将不同的葡萄酒归类。另一方面——这也是本书重点要阐述的，这种分类方法能帮我们回答一些常见问题，比如，今天的晚餐要搭配哪种葡萄酒？或者反过来说，已经买好了葡萄酒，应该选择什么样的菜肴？同时，当我们在餐厅里，在侍酒师询问、甚至轻视的目光下浏览酒单时，它也能帮我们轻松化解尴尬局面。

以下就以酿制方法和美食搭配为基础，将葡萄酒归为8组或基本级别，见表5-1。

相知相伴葡萄酒

Entender De Vino

表 5-1	全球葡萄酒的简单分类	
编 号	类 别	代 码
I	强化葡萄酒 Generosos secos	GS
II	起泡葡萄酒 Espumosos	E
III	未经陈酿的白葡萄酒 Blancos sin crianza	BS
IV	陈酿白葡萄酒 Blancos con crianza	BC
V	桃红葡萄酒和淡红葡萄酒 Rosados y claretes	RC
VI	年轻红葡萄酒 Tintos jovenes	TJ
VII	陈年红葡萄酒 Tintos de guarda	TG
VIII	甜型葡萄酒 Vinos dulces	D

接下来的篇幅将对每一类葡萄酒进行详细描述,并按照我自己的判断,列举出生产这类酒的优秀产区表。(注意:这里只列举最好的酒庄!)最后一栏表示每个产地每个品种的酒所达到的水平,表 5-2 ～表 5-9 中,"·"表示好,"··"表示很好,"···"表示非常好。

I. 强化葡萄酒(GS)

强化葡萄酒通常要添加酒精——即所谓的"加烈",而且要经过木桶陈酿;过去几个世纪,它一直主导着世界葡萄酒市场。今天,由于酒精含量过高且易氧化,它的需求量已减少。在它的口味中,果香味只占次要位置,但也有例外。最著名的当属年份波特葡萄酒,它只在最好年份酿造,较短的桶陈时间——2 年——使它变成了一款深宝石红色、果香极为浓郁、强劲持久的餐后甜酒。见表 5-2。

赫雷斯和蒙蒂亚 - 莫利雷斯的高品质葡萄酒细腻、芬芳,加烈之后,还要通过"叠桶"来长时间陈酿——这保证每一瓶酒里,不同年份混酿的质量是一致的——以获得卓越品质。

强化葡萄酒在搭配美食时,一般可作为开胃酒,类似于香槟或起泡酒,都是餐前酒比较理想的选择。雪莉酒尤其适合搭配伊比利亚猪肉制品，如山地火腿、腊肠、肉条干，或一些干果类，如杏仁、榛子等。

表 5-2　　　　　　　　　可供选择的强化葡萄酒（GS）❶

区 域	国 家	产 区	葡萄品种	评 分
欧 洲	西班牙	赫雷斯	帕拉米诺·菲诺	·/···
			佩德罗·西梅内斯	·/···
		蒙蒂亚	佩德罗·西梅内斯	·/··
			艾伦	·/··
	葡萄牙	波特	葡萄牙多瑞嘉	
			法国多瑞嘉	·/··
			罗丽（丹魄）	
			巴洛克红	·/··
		马德拉	华帝露	
			舍西亚尔	·/··
			马尔维萨	
	意大利	文萨托	白玉霓	·/··
			马尔维萨	·/··

另一个重要产区是葡萄牙杜罗河上游的波尔图。这里的波特酒品种繁多，包括开胃酒的理想选择白波特，以及只在最好年份酿制非常适合作为餐后甜酒的年份波特。

II. 起泡葡萄酒（E）

这一类包括含有二氧化碳气体的白葡萄酒和粉红葡萄酒。毫无疑问，这类酒的典型代表就是在瓶中进行二次发酵、陈酿时间相对较长的酒，这个过程在起泡酒的原产地法国香槟地区（Champaña）被称为"香槟法"，在盛产起泡酒的加泰罗尼亚佩内德斯产区，则叫作"传统方法"表 5-3 中

❶ 很显然，本章节表格里的特性只针对每一种类型的葡萄酒，不对所有类型进行详尽阐述。

相知相伴葡萄酒
Entender De Vino

列举了一些起泡酒。

表 5-3 可供选择的起泡酒（E）

所属区域	国 家	地 区	葡萄品种	评 分
欧 洲	西班牙	佩内德斯	玛卡贝奥	·
			帕雷亚达	· / · ·
			沙雷洛	·
		赛格雷海岸	霞多丽	· / · ·
			黑比诺①	· ·
	法国	香槟区	霞多丽②	· · / · ·
			黑比诺	· · / · ·
			莫尼耶比诺	· / · · ·
		勃艮第区（克雷芒特）	霞多丽	·
		卢瓦尔河（克雷芒特）	长相思（译者注：似乎白诗南（Chenin Blanc）更准确些）	
	意大利	阿斯蒂（皮埃蒙特）	麝香	· ·
美 洲	阿根廷	门多萨	霞多丽	
	美国	纳帕谷（加利福尼亚）	霞多丽	· / · ·
			黑比诺	· / · ·
澳 洲	澳大利亚	阿德莱德	霞多丽	
		亚拉河谷	黑比诺	
		阿德莱德	黑比诺	

① 一种红葡萄。
② 霞多丽通常与黑比诺和莫尼耶比诺混酿，只有酿制白中白时单独使用。

最近 3 个世纪，法国香槟酒在欧洲上流社会受到广泛欢迎，20 世纪，它开始走向世界。其实很久之前，香槟酒原产地就已经没有土地用来扩种，所以它的价位也一直居高不下。加泰罗尼亚佩内德斯地区利用这一点，使本产区内的优秀酒庄，如 Freixenet 和 Codoeniu，不断扩大国际影响力。

另外一种只在不锈钢桶中经过一次恒温发酵，这种方法虽然很经济，但如果葡萄品质好，也可以酿出不错的酒，尽管不能与"香槟法"酿出的酒相提并论。

任何举杯庆祝的欢乐时刻，香槟都是不可或缺的。它不但适合搭配开胃菜或清淡的头盘，比如牡蛎，有的甚至可以搭配整餐的午宴或晚宴。对西班牙前卫餐厅的"未来派"小吃而言，起泡酒也是很不错的选择。法国画家图鲁斯·劳特雷克的画就生动反映出香槟是如何在"美丽年代"的巴黎称霸各个歌舞厅的。

III. 未经陈酿的白葡萄酒（BS）

这是目前世界上最为流行的葡萄酒，种类繁多。虽然几个世纪之前，只有北欧最严寒气候区，如德国莱茵河生产这种酒，但是自从加利福尼亚人在 20 世纪 60 年代学会使用恒温不锈钢罐酿酒之后，越来越多气候炎热区也开始酿制。

这种酒含糖量低（低于 0.4%），果香味浓，而且适饮温度较低，酒精和单宁含量较少，正好介于葡萄酒和不含酒精的清凉果汁或饮品之间。很多时候，它变成了不饮酒的人进入葡萄酒世界的桥梁。

尽管现代技术日新月异，但最好的果香型白葡萄酒仍产自寒冷地区。在那里，人们使用现代酿酒工艺，选择酒精度适中、自然酸度理想、果香最为浓郁的葡萄品种。

最好产区如表 5-4 所列，包括地理位置（如国家和产区），以及推荐的葡萄品种。

由于清凉爽口（用现在年轻人的话讲，叫作轻或清淡），未陈酿白葡萄酒是最能够和餐桌上其他饮料竞争的葡萄酒，这也是它最主要的功能之一。它是海鲜、白色肉的鱼、熏肉、沙拉或奶油冻的最佳搭配。虽然清凉，它也非常适合搭配热菜，或作为热带地区一年四季的佐餐酒。

相知相伴葡萄酒
Entender De Vino

表 5-4 　　　　　　　　　　推荐的未经陈酿白葡萄酒（BS）

所属区域	国 家	地 区	葡萄品种	评 分
欧 洲	西班牙	下河岸	阿尔巴利诺	·· / ···
		鲁埃达	韦尔德贺	· / ···
			长相思	·· / ···
		里奥哈	维尤拉	· / ··
		索蒙塔诺	琼瑶浆	··
		佩内德斯	帕雷亚达和马卡贝奥	·
		拉曼恰	艾伦	
			马卡贝奥	·
		加那利群岛	马尔维萨	·
	法 国	卢瓦尔河谷	白诗南	· / ···
			长相思	· / ···
		阿尔萨斯地区	雷司令	· / ···
			琼瑶浆	· / ··
		沙布利镇	霞多丽	· / ···
		格拉夫（波尔多）	长相思	· / ··
			赛美蓉	· / ··
		奥克地区	维欧尼	·
			长相思	·
			霞多丽	·
	意大利	上阿迪杰	雷司令	·
			琼瑶浆	·
		弗留利	灰皮诺	· / ··
	德 国	莱茵河谷	雷司令	· / ···
			西万尼	· / ··
		摩泽尔河谷	雷司令	·· / ···
	奥地利	多个地区	绿魁	· / ··
	葡萄牙	杜罗河谷	高唯奥	· / ··
			马尔维萨	· / ··

续表

所属区域	国　家	地　区	葡萄品种	评　分
欧　洲	葡萄牙	杜奥产区	恩克鲁萨	· / · ·
			华帝露	· / · ·
		绿酒产区	卢莱洛	· / · ·
			阿瓦里诺	· / · ·
		波尔巴（阿棱台霍产区）	拉伯奥贝哈	· / · ·
			胡佩里奥	· / · ·
美　洲	阿根廷	萨尔塔	妥伦特斯	· / ·
		门多萨	妥伦特斯	· / ·
			白诗南	·
			长相思	
		黑河	赛美蓉	
	智　利	卡萨布兰卡	长相思	
		中央谷地	长相思	
			霞多丽	· / ·
	美　国	俄勒冈州	雷司令	· / ·
		华盛顿	琼瑶浆	· / · ·
		纳帕谷（加利福尼亚）	长相思	· / · · ·
		索诺玛（加利福尼亚）	长相思	
		圣伊内斯（加利福尼亚）	长相思	
大洋洲	澳大利亚	所有地区	雷司令	· / · ·
	新西兰	云雾之湾	长相思	· · / · ·
			雷司令	· / · ·
			琼瑶浆	· / · ·

IV. 陈酿白葡萄酒（BC）

几十年前，这种酒只有为数不多的几个传统酒款。现在得到普遍认可的要数勃艮第的霞多丽葡萄酒，发酵后，在全新或半新法国橡木桶（Nevers、Aliier 或者 Troncay 等品牌）中陈酿。如今，所有重要葡萄酒产区都用这种方法酿造白葡萄酒，或选用霞多丽，或选用产区其他有代表性的品种。另一种方法是不锈钢桶低温发酵后用橡木桶陈酿，但问题是橡木自身的味道不能与优质白葡萄细腻、优雅的香气完美融合。一个有趣的也是被广泛采纳的做法是，把两个步骤合二为一，避免过重的橡木味。

相比于未经陈酿的白葡萄酒，通常陈酿型更适合搭配口味浓重的菜肴，这与年轻红葡萄酒甚至陈年老酒有异曲同工之妙。

最好的产区以及所使用品种、质量等级见表5-5。

表 5-5　　　　　　　　推荐的陈酿白葡萄酒（BC）

所属区域	国 家	地 区	葡萄品种	评 分
欧 洲	西班牙	巴尔代鸥拉斯（加利西亚）	格德约	·／···
		里奥哈	维尤拉	·／··
		鲁埃达	韦尔德贺	·／··
			维尤拉	·／··
			长相思	·／··
		索蒙塔诺	霞多丽	·／···
		纳瓦拉	霞多丽	·／···
		佩内德斯	霞多丽	·／···
		拉曼恰	霞多丽	·／···
	法 国	勃艮第	霞多丽	·／···
		格拉夫（波尔多产区）	长相思	·／···
			赛美蓉	·／···

续表

所属区域	国家	地区	葡萄品种	评分
欧洲	法国	孔德里约（上罗纳）	维欧尼	···
		罗纳河谷	玛珊	·/···
			胡珊	·/···
	意大利	皮埃蒙特	霞多丽	·/··
		托斯卡纳	霞多丽	·/··
		科里奥（弗留利）	灰比诺	·/··
	德国	莱茵河谷	雷司令	·/··
美洲	阿根廷	门多萨	霞多丽	·/··
	智利	卡萨布兰卡	霞多丽	·/··
		中央谷地	霞多丽	·/··
	美国	纳帕（加利福尼亚）	霞多丽	·/··
			长相思	·/··
		沿海山谷	霞多丽	··/··
大洋洲	澳大利亚	所有地区	霞多丽	·/··
		猎人谷	赛美蓉	·/··
	新西兰	很多地区	长相思	·/··
			雷司令	·/··
		马尔堡	长相思	··/··
非洲	南非	很多地区	霞多丽	·

Ⅴ. 桃红葡萄酒（RC）

桃红葡萄酒对葡萄酒爱好者的吸引力并不是很大。虽然使用红葡萄，但其酿造工艺类似白葡萄酒，这使它处境尴尬，而毫无激情。虽然桃红葡萄酒整体水平欠佳，不受大众青睐——这一点必须承认，但确有香气浓郁、口味细腻的桃红佳品独秀于林，见表5-6。

桃红葡萄酒通常使用白葡萄和红葡萄混合酿造。很久以前，因其颜色酷似藏红花，也被叫作 "aloques"。

桃红葡萄酒可搭配很多食品，正好介于果香浓郁的白葡萄酒和未经陈酿的红葡萄酒之间，适宜搭配餐前小吃、米饭、鱼肉、冷餐肉等。

表5-6 推荐的桃红葡萄酒

所属区域	国 家	地 区	葡萄品种	评 分
欧 洲	西班牙	纳瓦拉	红歌海娜	·
		佩内德斯	红歌海娜	· / · ·
		里奥哈	丹魄	·
			歌海娜	·
		杜埃罗河岸	丹魄	·
		巴尔德佩尼亚斯	丹魄（森西贝尔）	·
		耶科拉	莫纳斯特尔	·
	法 国	塔瓦（普罗旺斯）	歌海娜	· / · ·
		卢瓦尔河谷（安茹）	品丽珠	· / · · ·
美 洲	美 国	纳帕（加利福尼亚）	赤霞珠	
		索诺玛（加利福尼亚）	赤霞珠	

Ⅵ. 年轻红葡萄酒（TJ）

世界上绝大部分红葡萄酒属于这类，包括以桶陈时间长而闻名的产区，如西班牙里奥哈或法国波尔多。

（1）第一种酒是通过"二氧化碳浸渍"方法酿造的，就是把整串葡萄连皮带梗一起进行发酵，酿出果香浓郁、呈亮丽红樱桃色的酒，适合在出品的6～12个月内饮用。这种酒的典型代表是里奥哈阿拉维萨产区收获季节葡萄酒，它完全按照里奥哈传统工艺、用丹魄酿制，在此之后，波尔多酒商才提倡葡萄酒陈酿，并沿用至今。另外一种代表酒款就是早先更为流行的、用佳美品种酿制的薄若莱新酒，每年11月20日采摘季结束后，这些酒就通过空运、海运或陆运到达世界各地的餐厅。

（2）第二种包括未经陈酿的葡萄酒，它鲜亮的颜色、扑鼻的香气和成熟水果的味道常使人欲罢不能。这类通常用西班牙品种丹魄和歌海娜（国际上更为熟悉它的法语名称 Grenache）来酿制，当然有时也用法国的美乐和博若莱、萨博亚地区的佳美。在意大利皮埃蒙特或勒地产区，分别用内比奥罗和桑娇维赛酿造，阿根廷使用马尔白或丹魄，而智利则是用美乐或赤霞珠。

（3）短时陈酿红葡萄酒：国际市场对果香味葡萄酒的需求不断增长，这种酒融合了新橡木的味道，更适合搭配很多菜肴，发展潜力很大，见表 5-7。

表 5-7　　　　　　　可供选择的新红葡萄酒（TJ）

所属区域	国 家	地 区	葡萄品种	评 分
欧 洲	西班牙	拉曼恰	丹魄	·/··
		巴尔德佩尼亚斯	丹魄	·/··
		里奥哈	丹魄	·/··
			红歌海娜	·
		杜埃罗河岸	丹魄	·/···
		佳丽酿	红歌海娜	
		博尔哈田园乡	红歌海娜	·/··
		耶科拉	莫纳斯特尔	·/··
		朱米亚	莫纳斯特尔	·/··
		纳瓦拉	红歌海娜	·/··
			丹魄	·/··
			美乐	·/··
			赤霞珠	·/··
		比埃尔索	门西亚	·/··
	法国	波尔多	赤霞珠	·/··
			品丽珠	·/··

相知相伴葡萄酒
Entender De Vino

续表

所属区域	国 家	地 区	葡萄品种	评 分
欧 洲	法 国	罗纳河谷	西拉	· / · · ·
			歌海娜	· / · ·
		卡霍斯	丹那	· / · ·
		博若莱	佳美	· / · ·
		萨伏依	佳美	· / · ·
	意大利	托斯卡纳	桑娇维赛	· / ·
		提契诺	美乐	·
		弗留利	灰比诺	·
			美乐	·
	奥地利	很多地区	法国蓝	· / ·
	葡萄牙	杜罗河	品丽珠	· / ·
			葡萄牙多瑞嘉	· / · ·
			法国多瑞嘉	· / · ·
			罗丽	· / ·
			巴洛克红葡萄	· / · ·
		杜奥	葡萄牙多瑞嘉	· / ·
			罗丽	· / ·
		利巴迪祖，阿连特如	法国卡斯特劳	· / ·
			阿里坎特	· / ·
			阿拉古内斯（丹魄）	· / · ·
			赤霞珠	· / ·
			阿拉古内斯	· · / ·
			比利根达	· · / ·
			普雷塔特林加岱拉	· · / ·
美 洲	阿根廷	门多萨	马尔白	· / · ·
			赤霞珠	·
			丹魄	· / ·
			美乐	·

续表

所属区域	国 家	地 区	葡萄品种	评 分
美 洲	智 利	中央谷地	美乐	·/··
			佳美娜（卡曼娜）	·/··
			赤霞珠	·/···
	美 国	纳帕（加利福尼亚）	黑比诺	
			美乐	·/··
		索诺玛（加利福尼亚）	美乐	·/··
			增芳德	·/··
大洋洲	澳大利亚	猎人谷	西拉	·/··
		巴罗萨	美乐、赤霞珠	·/··
		阿德莱德山	歌海娜	·/··
		亚拉谷	黑比诺	
		克莱尔谷	西拉	
非 洲	南 非	开普敦	美乐	·
			皮诺塔吉	·/··

根据品种的不同，最好的未经陈酿或短时陈酿的葡萄酒，本身也有很多不同种类。它能够与烤肉、禽类或米饭完美搭配。"二氧化碳浸渍"的红酒，适饮温度低，搭配面条、红肉、白肉或烟熏鱼是很不错的选择。

VII. 陈年红葡萄酒（TG）

"陈"字可能引发歧义，而被理解为存放在橡木桶或瓶中。我在这里使用它另外一个主要意思，即在橡木桶中陈酿12个月或更长时间、结构感很强，足以在瓶中存放很长时间。

它是出产极品酒最多的类型，包含下列品种。

（1）**佳酿酒**。虽然这是一个统称，但西班牙D.O.产区，包括里奥哈、杜埃罗河岸或其他地区，都"注册"了这个词，根据每个产区相应规定，

它意味着在橡木桶里陈酿不同的时间（前两个产区 12 个月，其他的则为 6 个月）。这些规定可能会使消费者造成混淆。最好的陈酿酒，不管是不是认证产区的，都使用全新或半新橡木桶，以使果香味与橡木味均衡。

（2）**珍藏和特级珍藏**。里奥哈和杜埃罗河岸产区使用这个名词，分别定义至少桶陈 12 个月和 24 个月，瓶陈 5 年和 6 年的酒。但问题是，"珍藏"在加利福尼亚产区是指品质极好的酒，在法国（波尔多）所指酒款品质要低很多，到了阿根廷，这个词反而成了贬义词，如此"一词多义"难免造成混淆。

此外，很多消费者越来越不喜欢桶陈时间过长的酒，尤其是旧桶桶陈；另一方面，如果使用新桶，按照里奥哈和多罗河产区规定的最短时间，橡木味又会过重。

（3）**波尔多模式**。欧洲其他国家和新世界地区，最好的红葡萄酒（比如，波尔多或勃艮第的 Gran Cru 或者加利福尼亚的 Private Reserve）通常按照波尔多模式进行规定，要求法国或美国橡木桶中最多陈酿 24 个月，且搅桶次数越来越少。

最好的陈年葡萄酒都有酒帽（就是深石榴红颜色的那个），通过葡萄完全成熟和长时间发酵，葡萄汁获得了不可或缺的单宁结构，才能进行陈酿，也才能在瓶中保存 10 年或更长时间。通常，瓶陈需要 1～5 年，来使它变得足够强劲。

从美食角度讲，这类葡萄酒需要很多年来充分发展它的香气，它的味觉、力量感和复杂性都更加持久。可与之搭配的食品也因葡萄品种、产地、酒庄不同而不同，包括牛肉、羊肉、乳猪等红肉，石鸡、山鸡、丘鹬、鹿肉、狍子、野猪等野味以及各种佳肴。

推荐的陈年葡萄酒见表 5-8。

表 5-8　　　　　　　　　可供选择的陈年葡萄酒（TG）

所属区域	国家	地区	葡萄品种	评分
欧洲	西班牙	杜埃罗河岸	丹魄	·· / ···
		里奥哈	丹魄，马祖埃罗，格拉西亚诺	· / ···
		卡斯蒂亚 - 拉曼恰	丹魄	· / ··
			赤霞珠	·· / ··
			西拉	· / ··
		佩内德斯	赤霞珠	· / ··
		索蒙塔诺	美乐	· / ··
			赤霞珠	· / ··
		普里奥拉特	歌海娜	·· / ···
		纳瓦拉	丹魄，歌海娜	· / ··
			赤霞珠、美乐	· / ··
		多罗	丹魄	· / ··
	法国	梅多克（波尔多）	赤霞珠	·· / ···
			美乐	·· / ···
			品丽珠	· / ··
			小维铎	· / ··
		圣艾美浓（波尔多）	美乐	·· / ···
			品丽珠	·· / ··
			赤霞珠	· / ··
		勃艮第	黑比诺	·· / ···
		上罗纳河谷①	西拉	·· / ···
		教皇新堡②	歌海娜	· / ··
			慕合怀特	· / ··
			西拉	· / ··
	意大利	勤地（托斯卡纳）	桑娇维赛	· / ··
			赤霞珠	· / ··
		布鲁内罗（托斯卡纳）	桑娇维赛	·· / ···
		巴巴拉	桑娇维赛	· / ··
			赤霞珠	· / ··

① 最著名的 D.O. 产区有罗地丘、赫米塔兹和康那士产区。

② 大多数葡萄酒包含三种这里列举的及其他不知名葡萄品种，有的多达 12 种。

相知相伴葡萄酒

Entender De Vino

续表

所属区域	国 家	地 区	葡萄品种	评 分
欧 洲	巴巴拉	巴巴莱斯科（皮埃蒙特）	内比奥罗	·· / ···
		巴罗洛	内比奥罗	· / ···
	葡萄牙	杜罗	葡萄牙多瑞嘉	·· / ···
			法国多瑞嘉	·· / ···
			罗丽	·· / ···
			巴洛克红葡萄	· / ···
		杜奥	葡萄牙多瑞嘉	·· / ···
			罗丽	· / ···
		利巴迪祖，阿连特如	法国卡斯特劳	·· / ···
			阿里坎特	· / ···
			阿拉古内斯（丹魄）	· / ···
			赤霞珠	· / ···
			比利根达	·· / ···
			普雷塔特林加岱拉	·· / ···
			西拉	···
美 洲	阿根廷	门多萨	马尔白	· / ··
			赤霞珠	· / ··
			美乐	·
			西拉	· / ··
			丹魄	
	智利	中央谷地	赤霞珠	·· / ···
			美乐	· / ···
			佳美娜（卡曼娜）	· / ··
	美国	纳帕河谷（加利福尼亚）	赤霞珠	·· / ···
			美乐	· / ··
			增芳德	· / ··
			黑比诺	
		其他海岸谷地	黑比诺	· / ··

所属区域	国家	地区	葡萄品种	评 分
美 洲	美 国	俄勒冈州	黑比诺	·/···
		华盛顿	黑比诺	·/···
大洋洲	澳大利亚	猎人谷	赤霞珠	
		库纳瓦拉	赤霞珠	·/··
		麦克拉伦谷	西拉	··/··
		克莱尔谷	歌海娜	
		巴罗萨谷	西拉	·/··
		亚拉谷	美乐	·/··
		玛格丽特河	赤霞珠	
非 洲	南 非	开普敦	赤霞珠	
			皮诺塔吉	·/··
			西拉	·/··

VIII. 甜型葡萄酒（D）

这类酒大部分以白葡萄酿制，通常根据葡萄品种命名，不同种类之间差别较大，含糖量一般超过 5%。

增大葡萄酒甜度的方法很多。比较出名的有波尔多索坦和巴萨克甜白葡萄酒，匈牙利的托凯伊酒，德国和奥地利的精选葡萄酒、颗粒精选葡萄酒和干果颗粒精选葡萄酒，以及以法国阿尔萨斯地区、澳大利亚东南部和加利福尼亚地区出产的雷司令和琼瑶浆酿造的甜酒。这些最好的甜酒都是用了被称为"贵族霉"侵蚀的葡萄酿造的，这种霉菌极其微小，不仅能高度浓缩糖分，还能让深秋日晒夜冻而过度成熟的葡萄（过了常规采摘期仍未采摘）完整保留其复杂味道。这类酒完全是纯手工酿造：为保证品质，必须一粒一粒从发霉的葡萄串上采摘，如遇下雨天气，葡萄很可能全部烂掉，最终一无所获。最好的贵腐白葡萄酒一般产自欧洲北部相对寒冷的地

相知相伴葡萄酒

Entender De Vino

区或类似气候区。

其余甜酒，由地中海葡萄酒组成，如马拉加、阿里坎特和纳瓦拉的麝香葡萄酒（有时能达到极高的品质）、法国南部巴纽尔斯的加尔那恰酒、佩德罗希梅内斯甜葡萄酒（西班牙传统中极佳的甜酒）、莫莉莱丝/蒙蒂亚甜葡萄酒和意大利马莎拉甜葡萄酒。这其中的一些酒经过酒精强化，因此也可看作强化葡萄酒，但它的甜度决定了它的美食搭配。

最后这一点无疑是所有甜酒的特点。无论今天的烹饪大师呈现怎样的盛宴，怎样的甜点，高品质的甜酒都能与之完美搭配。唯一的例外就是索坦酒，由于它的香气与口味饱满复杂，最好与鹅肝或蓝奶酪搭配。推荐酒款见表5-9。

表5-9　　　　　　　　可以选择的甜型葡萄酒（D）

所属区域	国 家	地 区	葡萄品种	评 分
欧 洲	西班牙	阿里坎特	麝香	·/···
		纳瓦拉	大颗粒麝香	··/···
		赫雷斯	佩德罗希梅内斯	··/···
		蒙蒂亚—莫莉莱丝	佩德罗希梅内斯	··/···
		马拉加	麝香	··/···
	葡萄牙	塞图巴尔	塞图巴尔麝香	·/···
	法 国	苏特恩（波尔多）	赛美蓉	··/···
		巴萨克（波尔多）	赛美蓉	··/···
		巴纽尔斯（朗格多克-鲁西荣）	歌海娜	·/···
	意大利	马莎拉		·
	匈牙利	托卡伊	福明特	·/···

第 6 章　葡萄酒与陈年时间

　　优质葡萄酒的一大特性就是保存时间很长，有些甚至能超过人类的寿命极限。而且，历经岁月沉淀，葡萄酒会变得更加柔和、高雅、复杂，这也让美酒爱好者和美食家们痴迷不已。

　　其实从一开始，这两个特点就颇受大众文化推崇。如果不是将二者混淆，本无可厚非。多年以来，经验告诉我们，葡萄酒存放时间越长，品质似乎越好。于是在全世界很多家庭和餐厅，葡萄酒被束之高阁，由于存放时间过长，很多酒最终可悲地变质。

　　依笔者享乐主义观点，对待葡萄酒唯一明智的做法，就是在恰当时间尽情享受酒窖或酒柜里每一瓶葡萄酒。如果能接受我的观点，那么最重要的不是计算能存放多久，而是在它的巅峰时刻——享用它！

　　其实，葡萄酒的味道主要由葡萄品种决定，我们称之为"果香味"。它和单宁一起，传递出葡萄品种自身的特点。目前除了强化型，其他葡萄酒大都具备这个特点。今天市场上的绝大部分酒，发酵时间短，果香味消散快，因此只适合短期内饮用，而非中、长期存放。如果从最大乐趣来看，这并不能说明它们就不是好酒：如佐以恰当的食物，它们中的许多完全能够领衔一场盛宴。

　　同样的道理，除个别款外，陈年葡萄酒（或者，那些真正值得在酒窖珍藏的酒）陈年的最佳时间，一般比传统上认定的要短。在优质产地，只有少数酒存放 10 年才渐入佳境，一些特定酒庄极个别的酒，如产自最好年份，则可能在 15、20 年或更长时间里达到最佳适饮期，如图 6-1 所示。

原因是，为了长时间保存葡萄酒的果香，除了浓郁的香气和味道外，还要有足够的单宁结构（这个词正是来自这层意思）。在长时间陈年之后，酒体随时间慢慢柔和，同时好酒具有的森林果实的香气也得以完整保留。

那么，优质产区的佐餐酒就没有出彩的吗？当然有！如今，新的采摘季不断奉献出越来越多的好酒。最好的时候，知名酒评家给出的分数，往往等于甚至高于陈年酒，这在葡萄酒悠长的发展史上实属罕见。可惜的是，人们误认为存放时间越久越好，将之藏于酒室，而遗憾地错过了它们最佳的口感和香气。

图 6-1　只有一些极佳的葡萄酒，才能历经 15、20 年
甚至更长时间而逐渐达到最佳适饮期

　　幸运的是，几乎所有主流酒评都支持这个观点，而专家们也提醒消费者：当今时代的要求——所有商业运作成功的葡萄酒——都带有成熟水果的浓郁香味，这也让新酒的需求量与日俱增。

　　过犹不及：不应还未到最佳适饮期之前把它喝掉。如果您没有足够的空间或耐心，那么至少也要存放五六瓶历久弥香的好酒。要学着欣赏美酒，比如赫雷斯优秀酒庄的老酒，有无果香味并不是它的评判标准。

第7章　家庭酒窖

如果你想了解葡萄酒世界的多样性并尽情享用，就应该建一个酒窖，即使很小，也可以存放不同的葡萄酒来慢慢品尝。

一旦决定（否则，无须阅读本章），就要把它做好。不要把你的葡萄酒放在储存室、杂物间、阁楼、车库或花棚中——称得上酒窖的地方，全年不能有任何气味或任何震动，应保持 10 ~ 17℃ 的恒温及 60% ~ 80% 的湿度。

有些地区最炎热时的温度能达到 30℃（整个西班牙便是如此），如果没有地下酒窖，是很难做到最后两点的（前面的相对容易）。

有三个解决办法：只要有钱，大多数人最简单的办法就是买酒柜；它有各种尺寸（小的差不多有冰箱那么大），仅需一个插头和合适的空间即可使用。

经济实力更强的人有另外两个选择：找个房间或地下室，装上小型空调设备；或者在车库、花棚、温室等封闭空间建一个混凝土地下酒窖，外面装上换气扇，以免聚集污浊空气。有些人家的房子就配有此类设施齐全的酒窖。

任何一种方案都要花钱，但我相信，如果你热爱好酒，也一定是一个有涵养的聪明人，肯定不愿暴殄天物。如果这些葡萄酒在购买时已在瓶中存了很多年——这种做法风险很大，除非是从酒庄直接购买，或是通过葡萄酒俱乐部、专卖店或值得信赖的拍卖行——你会发现，值得为它的附加值投资建酒窖。另外，这样能确保葡萄酒从最开始就得到妥善保存。更不用说，一个美酒爱好者拥有自己的家庭酒窖，把它展示给朋友们是多么开心的一件事（如果想增进友谊，不妨常请他们来品酒）。

正确的储存方法

陈年葡萄酒储存时需要特别注意。下面，我就对在酒窖中正确储藏葡萄酒的方法进行小结。

温度

（1）在酒窖墙壁上挂一个温度计／湿度计（酒柜一般会自带），并在放进或取出葡萄酒时注意查看。

（2）任何葡萄酒均不能忍受冷冻、加热，或持续反复的温度骤变。

（3）平均温度应介于 10～17℃ 之间。酒窖温度从冬季的 13℃ 逐渐上升到夏季的 17℃ 属正常现象，只要不是在同一天或同一周。

（4）在推荐的温度范围中，如果保持较高的温度（17℃），葡萄酒应尽早饮用，它的保存时间会缩短。相反，如果是较低的温度（10℃），酒达到最佳适饮期的过程将放缓。因此，15℃ 是比较理想的温度。

（5）酒柜或酒窖，冷空气越强，越容易聚集在下面。因此，要将白葡萄酒和其他需要低温存放的酒陈列在架子下面。

湿度

（1）一个好的酒窖应当有足够的湿度。对于软木塞和葡萄酒，这都是必不可少的。

（2）湿度应当恒定，应在 60% ～ 80%。

（3）如果酒窖湿度过大（80% ～ 85% 之间），酒标会发霉。尽管这不会影响葡萄酒的储藏，但一个酒标发霉、字迹模糊的酒瓶，会有两个问题：人们看不清酒的信息，也无法相信它的质量。

（4）湿度不足的酒窖（50% ～ 60% 之间）对葡萄酒的危害很大，因为软木塞会变干，葡萄酒随着蒸发而流失，而且还会因接触空气而变质。

（5）不要将酒瓶长时间存放在纸箱内：湿度会损坏纸箱。最好使用经典的木盒，这样能更好地保护标签。

光照

（1）长时间光照对葡萄酒危害很大，尤其是白葡萄酒和起泡酒。应保持酒窖避光。

（2）日光、卤素灯和荧光灯，对于葡萄酒而言是有害的。不要错误地认为，有色玻璃可以保护葡萄酒免受光照危害。

（3）酒窖比较适合用不超过 60 瓦的白炽灯照明。

震动

酒窖应位于安静的地方。铁轨或任何机械引起的震动，都会影响葡萄酒的品质。

通风

（1）脏空气是葡萄酒的敌人，因为它会影响酒的香气和味道。

（2）空气流通应缓和，不宜过快；正确做法是朝北开一个通风口，减少光照，降低温度。还应安装小型换气扇，可不断换入新鲜空气。

图 7-1 是常见酒架式样。

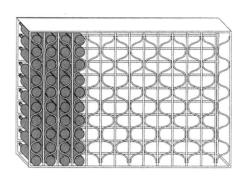
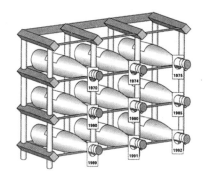

图 7-1　酒架式样

异味

（1）异味会影响葡萄酒的芳香，它会附着在软木塞上，慢慢渗入瓶内。所以要将葡萄酒与其他食物、油漆罐、清漆、汽油罐等分开存放。

（2）尽量使用无气味或挥发性清洁剂来清洁酒窖墙壁或地板。

酒窖构成和面积

两个基本规则是：

（1）仅存放值得存放的酒；

（2）应根据陈年酒的消费预期及最佳保存期设计酒窖大小。

遵守上述规则，就能避免酒窖的特有问题：年轻总是带给你更多快乐（我指的是葡萄酒！），已过最佳适饮期的酒陷入恶性循环——无人问津，日益腐坏。

计算陈年酒的消费，并按照我的建议，尽量在它们刚上市的时候入手，并估计可能的保存时间。见表7-1。

然后是确定酒窖结构。以下建议可能对你有所帮助。

表 7-1　　　　　　　　　　**最佳饮用期（从酒标年份开始算起）**

类　　别	最佳饮用期
强化葡萄酒（GS）	菲诺和曼扎尼拉应尽早饮用。波特酒可存放 5～15 年
起泡葡萄酒（E）	只有优质起泡酒和年份香槟酒才可以存放
未经陈酿的白葡萄酒（BS）	尽早饮用
桃红葡萄酒和淡红葡萄酒（RC）	尽早饮用
陈酿白葡萄酒（BC）	1～5 年
勃艮第和优质霞多丽	5～15 年
年轻红葡萄酒（TJ） （1）二氧化碳浸渍 （2）未经橡木桶陈酿 （3）橡木桶陈酿	 6～12 个月 1～2 年 5～7 年

续表

类　别	最佳饮用期
陈年红葡萄酒（TG）	
（1）里奥哈或勃艮第佳酿	2～5 年
（2）优质黑比诺、歌海娜、桑娇维塞	3～10 年
（3）里奥哈珍藏	5～10 年
（4）杜埃罗河岸佳酿 / 珍藏	5～15 年
（5）波尔多优质赤霞珠、美乐、西拉	5～15 年或更长
甜型葡萄酒（D）	
（1）甜白葡萄酒	1～3 年
（2）普通贵腐酒、波特酒和托凯伊	3～10 年
（3）优质贵腐酒和波特酒	5～15 年或更长

原产地

（1）请根据所买酒款的档次，将酒窖或酒柜 10%～25% 的空间留给本国葡萄酒。

（2）留 10%～30% 的空间给欧洲其他国家和新世界的优质葡萄酒。至少要有波特或贵腐酒，这两种酒西班牙都不出产。

葡萄酒类型

（1）请将酒窖 60%～75% 的空间用来存放陈年葡萄酒。

（2）根据自己的喜好，分配剩余 25%～40% 的空间，如强化酒（GS）、起泡酒（E）、陈酿白葡萄酒（BC）和能存放的甜酒（D）。

相知相伴葡萄酒

Entender De Vino

当然，您的葡萄酒在酒窖中待的时间越长，每瓶葡萄酒需要的空间也就越多，因此，要么建一个很大的酒窖，要么少存些酒。

> **建议**
>
> 建议把葡萄酒的"多样性"放在首位，大部分葡萄酒都应尽可能短地存放。为此，酒窖温度保持在 15～17℃之间。

酒窖目录

酒窖内部（酒柜除外）需要安装木质、金属、陶瓷、塑料、有机玻璃或其他防潮材料的酒架。除非有超强的记忆力，不然一旦储量超过300瓶，最好准备一本酒窖记录、卡片簿，或有计算机专门记录存入和取出。为方便查找，可将纵列编上号码，横行编上字母（反之亦可）。有了记录，就能随时查找，并将最近购买的酒放在空处（即便不能放在一起），这样能更好地利用空间。

请记住，葡萄酒不能无限期存放，缺少记录常导致错过最佳饮用时间。应为同一天存入酒窖的葡萄酒编制卡片，如果换位置，应随时记录。葡萄酒卡片应尽量清晰，以便既快又准地查找葡萄酒。

酒窖记录应包含下列信息：

- 葡萄酒品牌
- 葡萄酒类型
- 认证原产地或产地（里奥哈、佩内德斯等）
- 葡萄品种

- 酒庄或制造商
- 年份
- 购买地点
- 购买日期
- 购买价格
- 建议饮用时间
- 实际饮用日期
- 购买瓶数
- 酒窖中的酒架位置
- 同款酒剩余数量
- 最佳配餐
- 意见：品酒记录，配菜心得，专家评语，等等。

建议

（1）最好的控制系统是电脑程序。可用不同颜色的文字来描述酒窖位置和剩余数量，以便区分其他内容。

（2）如果你藏有档次极高的好酒，但不了解其价值，应咨询专家，并购买保险。

（3）随时在相应卡片上记录信息。

（4）经常检查酒窖清单，在每瓶酒最佳饮用期内享用它。

第8章 葡萄酒购买指南

几年前，选购葡萄酒很简单。一旦决定了价格区间，商店提供的选择很有限：仅三四个产区的几十种酒而已。现如今，葡萄酒的数量和质量都极具多样性：历史上从未有过如此多样包装精美、质量上乘的好酒。以下建议将有助你选购。

（1）购买之前，应先咨询。如今"没时间咨询"已不能成为理由。阅读手中的日报或周刊的葡萄酒专栏，收听广播，或咨询经常光顾的酒馆或饭店。订阅或购买一些专业杂志。

一位专业酒评人士或侍酒师一周内品尝过的酒，可能比你一年品尝的还要多。他们的工作，就是参加专业品酒会或参观最好的酒庄，寻找价格合适的酒中精品。通过电话、传真或网络预订，红酒俱乐部还能送货上门。

（2）如果可以，请尽量选购新酒。包括用来日常饮用的餐酒和用来收藏的高品质葡萄酒。最好在他们刚上市的时候购买（如果你认识酒庄主人，可以在未上市时就购买）。如果要买老年份的酒，一定记得搞清楚它的来源和储存记录。

（3）尽量利用葡萄酒最令人着迷的特点——种类繁多，以使你的藏酒多样化，就像投资基金的管理者对待他旗下的资本那样。至少要储存1～2支适合搭配不同菜系的酒。偏爱某个地区或国家的酒是正常的，但绝不要有这些国家或地区"自恋"的弊病，最好拥有南北半球尽可能多的酒庄作品。除了要好好保管（不要忘记，这是终极目标），还可以展示给你的宾客。

（4）购买之前，记得检查木塞和瓶帽的位置：如果木塞高于瓶颈（瓶口边缘），使瓶帽变形，或被葡萄酒浸染，一定别买——这酒很可能在运输或储存过程中，已曝露在高温下而变质。

（5）不要购买正曝露在灯光或高温下的葡萄酒，例如在橱柜里展示的。如果这些酒竖直摆放，一定要确定它每天的销量是否很大（大超市在这点上比较有优势）。如果陈年酒被摆放成这样，千万不要购买。

（6）对比不同商店的葡萄酒价格。有些酒（特别是昂贵的）价差很大。别相信便宜货，尤其是年份老的或不熟悉的品牌。无论如何，买一瓶酒来品尝：十有八九你不会再买它。

（7）如果遇到大瓶装（1500mL，相当于两瓶 750mL 的普通装）的好酒，要毫不犹豫地买下来：大瓶装成熟比较慢，几年之后，将发生质的飞跃，大大优于普通装，因此长期来看，大瓶装（可供 3～4 人饮用）是比同一批葡萄酿制的、价格相当的两瓶普通装更有价值的投资。

从哪里买酒

直接到酒庄购买。 通过参观酒庄，你能了解葡萄酒和它的生产者，融入酒庄文化，并面对面了解酿酒师的理念。酿酒师如何评价我们要买的酒，搞清楚它是件好事。并不是为了节省钱：很多时候，你在这里买酒花的钱，和在商店一样多，甚至更多。如果你没有太多时间，可以只参观每个地区最好的酒庄。去之前一定要事先联系酒庄（很多酒庄只接受提前预约），确认他们允许来访者品尝至少一款感兴趣的酒。如图 8-1 和图 8-2 所示。

专卖店。几乎所有重要城市都有葡萄酒专卖店，提供各种精选优质葡萄酒，甚至是一些名贵的限量版酒。在这里买酒有很多好处，包括好的储存条件和专业的导购。

这些专卖店老板一般都非常热爱葡萄酒，他们熟悉自己经营的产品，并且花费大量的时间和精力寻找新酒；因此，他们完全有能力向你推荐最佳年份酒款、最佳食物搭配，甚至提前预订一些特殊酒款。

专卖店的价格一般比超市贵，这也是很合理的。要注意，你买到的除了酒，还包括上文提到的服务。

大型超市。欧洲大型超市的葡萄酒销售建立在规模经济基础上，具有很大的价格优势，吸引了大多数私人消费者。如今，作为附加服务，

图 8-1　购买老年份酒之前，要仔细查看其来源和保存记录

一些超市开始出售名酒。尽管品种可能不如专卖店多，但它最大的优势是流通快。少数超市甚至配有专人为客户提供咨询服务。在节日、周末或葡萄酒促销的时候，可以买到价廉物美的好酒，或适合日常饮用的酒。

期酒。期酒体系是几十年前由波尔多一级庄建立起来的，只适用于名贵酒款，即某款酒还在橡木桶里陈酿时将它买下，价格通常很优惠。只要年份好，负责任的酿酒师就能保证期酒品质一如既往。葡萄采摘后的第一个春天，他们品尝这些酒，然后给出第一次报价。风险在于，人们不能确定这些酒未来的变化，因此必须咨询专业人士。最大的好处是，如果是上好的美酒，且一瓶难求，那么它的升值空间会很大。

图8-2　要了解一种葡萄酒及其酿造者，参观酒庄是个好办法

通常，非名贵酒不建议采用这种方式，因为极可能无法达到升值目的。除非这款酒很难买到，或你的此类投资记录证实有必要。

葡萄酒俱乐部。加入葡萄酒俱乐部有很多好处：定期分享专家的最新发现，还提供送货上门服务。高级俱乐部为会员提供丰富的精选葡萄酒信息，组织他们参观本国或外国酒庄、参加品酒会或葡萄酒之旅。西班牙最好的葡萄酒俱乐部"葡萄酒选择（Vinoselección）"，在西班牙、英国、德国、葡萄牙、加拿大和几个拉美国家拥有 13 万以上会员。

葡萄酒展会。葡萄酒和美食展会越来越多，使我们有机会面对面认识酒庄主人，品尝他们的美酒，直接购买心仪的品牌。专业葡萄酒杂志会公布展会日期。尽量在大批参观者涌入之前到达展位。

参观葡萄酒展会时，要注意品酒顺序：干白葡萄酒、粉红酒、清淡红葡萄酒、陈年酒，最后是甜酒和烈酒。

葡萄酒运输

种种迹象表明，很多人——包括相当多的酒商——都认为葡萄酒可以随意运输，但事实绝非如此。

（1）葡萄酒会在运输途中受影响，到达目的地后，需要静放一段时间。一般新酒需要放置 3～4 天，如果是老酒，则要 2～3 周。

（2）运输前，检查酒瓶有无上文提到的木塞或瓶帽问题，并挑出问题酒。

（3）拿到一箱酒之后，要按纸盒上的说明正确放置。

（4）运输中和运输后储存时，保持酒瓶水平或倒置。

（5）葡萄酒可在任何季节运输，但如果没有恒温柜，应避免在温度过高或过低时运输。

（6）如果搬运的是一个重要酒庄作品，一定要请专业搬运公司，并要求配备恒温设施的车辆。

第 9 章　葡萄酒与餐厅美食

和 谐

————————●————————

如果存在什么值得争议的，那就是菜品和葡萄酒之间的"和谐"，即两者之间香气、味道、口感甚至颜色相互协同的艺术。实际上，两位著名厨师，同时也是好朋友的费兰·阿德里亚（Ferran Adriá）和塞奇·阿罗拉（Sergi Aróla）并不认同这个观点，也许对于亲自制作的精美菜肴，他们有自己的理由。无论如何，当如此多的变量组成了由葡萄酒、菜肴和味觉构建的各式各样的三角关系时，我们似乎无法得出一个非常确切的结论，只能是主观认知，而且会被不断修正。尽管如此，大家共有的经验和感受，使得我们可以得出一些标准，正如下文所述，它绝对不是什么严格的规定或准则，而只起到引导的作用。

很多研究表明，葡萄酒是最好的开胃饮料，因为它可以刺激胃液分泌，而其他蒸馏酒和超过20°的酒精饮料则会抑制。当然，如果口渴，喝杯冰镇啤酒或清水都是不错的方法。

开胃酒之王无疑是雪莉酒、香槟或气泡酒。此外，干白葡萄酒或清淡年轻的红葡萄酒都是很好的选择。

用餐时，饮酒的顺序应该是从淡到浓：年轻、清淡的白葡萄酒或红葡萄酒在其他更复杂、强劲的酒之前；年轻的酒在佐餐酒或陈年酒之前。要注意的是，有些白葡萄酒比很多清淡型的红葡萄酒更浓、更复杂。

与大众观点不同的是，奶酪很多时候更加适合搭配白葡萄酒，而不是红酒，因为他们的口感、味道和颜色都更和谐。

用过甜点之后，就该饮用甜酒或强化型葡萄酒了，如麝香葡萄酒、甜型葡萄酒、奶油雪莉酒，佩德罗希梅内斯葡萄酒或波特酒。

为了给每道菜找到最合适的酒（反之亦然），应使葡萄酒与菜品在口感和颜色上尽量和谐，就像鹅肝酱配贵腐，牡蛎和鱼肉配阿尔巴利诺白葡萄酒，红肉配强劲的多罗河产区酒，或用佩德罗希梅内斯葡萄酒配深色甜点。

反之，应避免将口味辛辣的菜肴与同样强劲的强化型或香辛型葡萄酒搭配：这样的结合会破坏它们各自的馨香。

这种情况下，最好是葡萄酒或菜品只起到陪衬的作用。

根据上述观点和约定俗成的搭配，我们针对传统菜品编制了这个搭配指南，分两部分：第一是为每一道菜品搭配最合适的酒，第二是为每种类型的酒找到最合适的配菜。

表 9-1 　　　　　　　　　开胃菜与餐前小吃

菜　肴	强化葡萄酒	起泡酒	未陈酿白葡萄酒	陈酿白葡萄酒	桃红/淡红葡萄酒	年轻红葡萄酒	陈年红葡萄酒	甜酒
油橄榄	●●							
加泰罗尼亚香肠	●●	●	●	●●	●●	●●●		
鱼类小吃	●●	●	●●	●	●			
奶酪小吃	●●	●	●●	●		●		
咸牛肉或鹿肉	●				●	●●	●●	
猪肉冻	●	●				●●●		
巴斯克香肠	●●	●	●	●●		●●	●	●
西班牙辣香肠	●●				●●	●●	●●	
火腿丸子、鸡肉丸子或海鲜丸子	●●	●●			●●	●		
火腿馅饼或肉馅卷饼	●●	●	●		●	●●		
俄罗斯土豆沙拉	●	●●	●●					
鹅肝酱、鸭肉、兔肉等	●●	●	●●	●●		●		●●●
干果	●●●			●				
生菜或西红柿	●●		●					
生火腿	●●●			●●				
猪里脊肉	●●●	●	●	●●		●●		

相知相伴葡萄酒
Entender De Vino

菜　肴	强化葡萄酒	起泡酒	未陈酿白葡萄酒	陈酿白葡萄酒	桃红/淡红葡萄酒	年轻红葡萄酒	陈年红葡萄酒	甜酒
咸干金枪鱼	●●	●		●●		●		
西班牙血肠	●		●●		●	●●●	●	
西班牙莫康肠	●●	●			●	●●●	●●	
番茄面包		●			●●●	●●		
香肠、意大利蒜味腊肠或加泰罗尼亚细香肠		●			●●	●●		
马略卡香肠	●●	●			●	●●●	●●	

●可接受或好；●●强烈推荐；●●●极佳。

表 9-2　　　　　蔬菜、豆类和沙拉

菜　肴	强化葡萄酒	起泡酒	未陈酿白葡萄酒	陈酿白葡萄酒	桃红/淡红葡萄酒	年轻红葡萄酒	陈年红葡萄酒	甜酒
牛油果与海鲜		●	●●		●			
洋蓟与生火腿			●			●	●	
白豆等与火腿或野味		●			●	●●●	●●	
肉馅、蔬菜或米饭酿茄子		●				●●	●	
烤或煎炸滚面包屑的西葫芦		●				●●		
烤西葫芦		●		●●	●	●●		
酸菜		●						
烩菜					●	●●●	●●	
生菜心		●	●		●			
煮或烤滚面包屑的花椰菜		●				●●		
奶酪烤菊苣		●	●	●●	●	●		
用橄榄油和醋拌沙拉（杂拌、绿叶菜等）	●	●			●			
盐炒白芦笋/绿色蔬菜		●●	●		●			
蛋黄酱烹白芦笋/绿芦笋/香葱		●			●			
菜豆烧咸肉						●●●	●●	
鳄梨色拉酱		●	●	●●				

续表

菜　肴	强化葡萄酒	起泡酒	未陈酿白葡萄酒	陈酿白葡萄酒	桃红/淡红葡萄酒	年轻红葡萄酒	陈年红葡萄酒	甜酒
豆类、豌豆、绿豆配火腿			●	●	●	●●		
炖白豆、彩色豆类或红豆				●	●	●●	●●	
橄榄油大蒜炒四季豆				●		●●		
黄油煎四季豆			●	●		●●		
熟扁豆配西班牙辣香肠				●	●	●●●	●	
黄油炒甜玉米			●		●			
炖菜、菜泥汤或蔬菜饼		●	●	●	●	●		
炒青椒或炒茄子			●	●				
肉馅大米酿青椒							●●	
西班牙杂烩			●	●	●	●●		
炖鹰嘴豆或菜豆					●	●●●		
加利西亚或阿斯图里亚斯炖锅				●●	●	●●		
南瓜浓汤				●				
鹰嘴豆、小扁豆泥或豌豆泥		●	●	●		●●		
香葱沙拉			●	●		●●		
肉汤、橄榄油、大蒜煨甘蓝或球茎甘蓝				●	●	●		
蔬菜起酥						●		
洋葱和大葱饼			●●		●	●		
鱼蓉或海鲜蓉酿冷番茄		●	●●	●	●	●●		
烤肉酿番茄或西葫芦				●	●●	●●		
蔬菜奶糊			●●	●		●●		
油醋汁拌蔬菜			●					

●可接受或好；●●强烈推荐；●●●极佳。

表 9-3　　　　　　　　　　　蛋　类

菜　肴	强化葡萄酒	起泡酒	未陈酿白葡萄酒	陈酿白葡萄酒	桃红/淡红葡萄酒	年轻红葡萄酒	陈年红葡萄酒	甜酒
煎蛋					●	●●●		
鹌鹑蛋		●●	●					
调味酱拌水煮蛋			●	●	●			
水煮蛋			●	●	●	●●		
鸡蛋饭					●	●●●		
面包屑煎蛋						●●●	●●	
土豆煎蛋，西班牙辣香肠煎蛋，西班牙甜椒煎蛋				●		●●●	●●	
大蒜炒蛋			●	●	●	●		
芦笋或豆类炒蛋				●	●	●		
菠菜和/或明虾炒蛋			●		●	●●		
火腿炒蛋				●	●	●		
土豆炒蛋				●		●●		
土豆和鳕鱼炒蛋				●●●	●	●●		
奶酪炒蛋				●●	●			
松露炒蛋					●	●●●	●●	
马铃薯蛋饼或洋葱马铃薯蛋饼					●	●●●	●●	
法式蛋饼				●	●	●		

●可接受或好；●●强烈推荐；●●●极佳。

表 9-4　　　　　　　　　　蘑菇和块茎

菜　肴	强化葡萄酒	起泡酒	未陈酿白葡萄酒	陈酿白葡萄酒	桃红/淡红葡萄酒	年轻红葡萄酒	陈年红葡萄酒	甜酒
香菇薄片			●	●	●	●●	●	
土豆沙拉			●	●	●			
马铃薯粉团			●		●	●		
烤土豆					●	●●	●	
炸马铃薯蘸大蒜蛋黄酱						●	●	
炸马铃薯片					●	●		
炖或烤土豆	●		●	●				
焗土豆泥			●			●		

续表

菜　肴	强化葡萄酒	起泡酒	未陈酿白葡萄酒	陈酿白葡萄酒	桃红/淡红葡萄酒	年轻红葡萄酒	陈年红葡萄酒	甜酒
生火腿配蘑菇		●			●	●●●	●●	
蘑菇或蒜蓉蘑菇		●			●	●●●	●●	
炖、烤或炒松露蘑菇		●		●●		●●●	●●	
松露或松露菜肴		●		●●●	●	●●●	●●	

●可接受或好；●●强烈推荐；●●●极佳。

表9-5　　　　　　　　　汤

菜　肴	强化葡萄酒	起泡酒	未陈酿白葡萄酒	陈酿白葡萄酒	桃红/淡红葡萄酒	年轻红葡萄酒	陈年红葡萄酒	甜酒
大蒜杏仁汤		●	●					
蔬菜牛肉汤				●		●		
牛尾汤		●		●		●●	●	
清汤		●		●				
大蒜汤		●				●●		
芹菜汤			●	●●		●		
西洋菜汤			●●		●	●		
西葫芦汤			●					
南瓜汤			●					
洋葱汤			●	●●		●●		
花椰菜汤			●					
蘑菇汤			●	●●				
芦笋汤		●	●●					
菠菜汤			●	●	●●			
面汤			●					
鹰嘴豆汤			●	●●	●			
豌豆汤			●	●				
生菜汤			●	●				
海鲜汤			●	●		●		
鱼汤		●	●		●●			
甜椒汤				●	●	●●		

相知相伴葡萄酒
Entender De Vino

续表

菜肴	强化葡萄酒	起泡酒	未陈酿白葡萄酒	陈酿白葡萄酒	桃红/淡红葡萄酒	年轻红葡萄酒	陈年红葡萄酒	甜酒
木薯汤			●					
番茄汤			●	●	●			
蔬菜汤或朱莉安娜蔬菜汤			●	●				
冷汤	●	●	●					
奶油浓汤		●	●					

注 羹或汤。仅指主要成分。

● 可接受或好；●● 强烈推荐；●●● 极佳。

表 9-6　　　　　　　　　米 饭 和 面 食

菜肴	强化葡萄酒	起泡酒	未陈酿白葡萄酒	陈酿白葡萄酒	桃红/淡红葡萄酒	年轻红葡萄酒	陈年红葡萄酒	甜酒
海鲜饭			●	●	●●	●●●	●●	
古巴饭				●●	●●	●●	●	
咖哩饭			●	●●	●●	●●		
猪肉饭			●	●●	●●	●●	●●	
鱼或海鲜饭				●●	●●	●●	●●	
西班牙鸡饭				●	●●	●●	●●	
米饭沙拉	●				●			
粗粉团			●●	●	●	●		
鸡肉饭、野味饭				●	●●	●●	●●	
意大利面加大蒜、橄榄油和辣椒末				●	●●	●●●	●	
香蒜罗勒意大利面			●●	●	●	●	●	
奶油酱和奶酪意大利面				●●	●	●		
肉酱意大利面						●●	●●●	
意大利面加蛋和干酪（烤面条加干酪沙司）			●●	●●	●●	●	●	
意大利面加鱼肉或海鲜	●			●	●●	●●	●	
意大利面加番茄、奶酪或香肠			●	●	●●	●●	●●	
意大利面加蔬菜			●	●●	●●	●●	●	
普通比萨					●	●●	●	

● 可接受或好；●● 强烈推荐；●●● 极佳。

132

表 9-7　　　　　　　　鱼、甲壳类和贝壳类动物

菜　肴	强化葡萄酒	起泡酒	未陈酿白葡萄酒	陈酿白葡萄酒	桃红/淡红葡萄酒	年轻红葡萄酒	陈年红葡萄酒	甜酒
盐渍		••	••	•••				
蒜烧			•	••		••		
腌蛤蜊		•	••			••		
生蛤蜊	•	••	•••	•				
煎蛙腿或裹面包屑煎蛙腿		•		••		•••		
盐渍凤尾鱼			•	•	••	•		
鳗鱼锅		•		•	•	•••	••	
鲔鱼或鲣鱼配番茄或洋葱			•	•	•	•••		
胡椒大蒜烧鳕鱼		•		•••	•	••		
pilpil鳕鱼或比斯坎鳕鱼			••	•••		•		
鸟蛤		•	•••	•				
滨螺	•••	•	•••	••				
大螯虾								
凤尾鱼	••	•						
腌凤尾鱼	•	•						
蟹	••	•	•••	•				
浓味鱼肉汤			••		••	•		
鱿鱼、墨鱼或乌贼	•••	•		•				
焖鱼			•••	••		•		
小龙虾	•			•				
大红虾	•••	•	•	••				
鲜鱼或海鲜刺身		•	•	•••				
鱼子酱		•••						
蜘蛛蟹			••	••	•			
银鱼	•		••					
墨鱼		•		•		•••	••	
墨鱼仔	•••	•	••	•				

相知相伴葡萄酒

Entender De Vino

续表

菜　肴	强化葡萄酒	起泡酒	未陈酿白葡萄酒	陈酿白葡萄酒	桃红/淡红葡萄酒	年轻红葡萄酒	陈年红葡萄酒	甜酒
煎鱿鱼或章鱼丸	●●●	●●	●●					
小龙虾	●●●	●	●●●	●				
触须白鱼			●●	●●	●			
鸡尾海鲜	●●	●●	●●●	●				
贝类配奶油酱			●●					
鳗鱼酱		●		●●	●	●●●		
斧蛤	●●●	●●	●●●	●				
剑鱼		●	●●●					
卤制			●	●●	●			
腌制		●				●		
意大利绿酱拌			●●	●●●	●	●●		

●可接受或好；●●强烈推荐；●●●极佳。

表9-8　　　　　　　　鱼、甲壳类和贝壳类动物（续）

菜　肴	强化葡萄酒	起泡酒	未陈酿白葡萄酒	陈酿白葡萄酒	桃红/淡红葡萄酒	年轻红葡萄酒	陈年红葡萄酒	甜酒
鳗鱼沙拉		●	●●	●●●	●			
海胆		●	●●●	●●				
安达卢西亚油煎	●●		●●					
海鲂		●	●●●	●●	●			
明虾	●●●	●	●●●	●				
加利西亚七鳃鳗					●	●●	●●●	
大龙虾		●	●	●●				
对虾	●●●	●	●●●	●				
蝙鱼		●	●●	●●				
海鲈鱼		●	●●	●●				
炖鲔鱼		●		●●●		●●●	●	
贻贝	●	●	●●	●●●				
无须鳕鱼		●	●●●		●			

134

续表

菜　肴	强化葡萄酒	起泡酒	未陈酿白葡萄酒	陈酿白葡萄酒	桃红/淡红葡萄酒	年轻红葡萄酒	陈年红葡萄酒	甜酒
罗马鳕鱼		●●	●●	●●●		●		
石斑鱼		●	●●	●	●			
蛏子		●	●●●	●				
磨面蟹	●	●	●●●	●●	●			
牡蛎	●	●●	●●●	●				
藤壶	●	●●	●●●	●				
黑线鳕鱼		●	●●●	●	●			
箭鱼		●	●●					
加利西亚章鱼、扇贝或鳕鱼		●	●●●	●●				
对虾或小虾	●●●	●●	●●					
琵琶鱼		●	●●	●●●				
大比目鱼		●	●●	●●●		●		
鲑鱼		●	●●	●●		●		
腌制或熏制鲑鱼	●●					●		
羊鱼			●●●					
凉拌海鲜	●	●●	●●●	●				
沙丁鱼	●	●●	●●					
鱼或海鲜起酥或慕斯			●●	●●				
鱼肉面包	●							
河鳟		●	●●●	●				
纳瓦拉鳟鱼						●●		
盐煮金枪鱼或狐鲣鱼腹肉条		●	●	●●		●●●	●●	
酱汁扇贝		●	●●●	●	●			
杂鱼海鲜拼盘		●	●	●	●●●	●●	●●	

●可接受或好；●●强烈推荐；●●●极佳。

表9-9　　　　　　肉类：内脏、野味和家禽

菜肴	强化葡萄酒	起泡酒	未陈酿白葡萄酒	陈酿白葡萄酒	桃红/淡红葡萄酒	年轻红葡萄酒	陈年红葡萄酒	甜酒
酱烧肉丸	●	●				●●●	●●	
炖羊肉		●				●●●	●●	
马德里牛肚	●	●		●	●	●●●	●●	
比利亚尔瓦填馅烤鸡		●		●●		●●	●●●	
炖牛肉		●●		●●	●●	●●	●	
烤肉						●●	●●	
冷食肉或烤肉		●		●●	●●	●		
牛肉切片或小牛肉切片		●●		●●		●●		
猪排或煎小牛排		●			●	●	●●	
煎羊排		●				●	●●	
烤猪肉条或烤猪里脊		●		●	●●	●●	●	
侉炖兔肉		●●		●		●●	●●●	
烤乳猪	●	●		●		●●●	●●	
烤或炖猪肘			●	●●		●●	●	
蒜蓉兔肉	●	●●		●●		●	●	
炖兔肉		●		●		●●	●●	
糖醋鸭或糖醋鹅		●●				●●	●	
炖或烤羊肉或羔羊肉		●		●		●●	●●●	
煎猪排或烤猪排		●			●	●●●	●●	
牛排		●		●		●●	●●●	
米兰小牛肉片					●●	●●	●	
炖鹿肉或小牛肉		●			●●	●●	●●●	
烤野鸡		●				●	●●	
菲力牛排		●				●●	●●●	
煎猪里脊		●			●	●●●	●●	
煎鹿里脊、小牛排或狍子里脊		●				●●	●●●	

续表

菜肴	强化葡萄酒	起泡酒	未陈酿白葡萄酒	陈酿白葡萄酒	桃红/淡红葡萄酒	年轻红葡萄酒	陈年红葡萄酒	甜酒
煎火鸡或鸡排或鸡胸肉		●		●		●●●	●●	
烹牛肝		●●		●●	●	●●●	●●	
芜菁叶腌猪肉		●		●	●	●●●	●	
烤牛舌、红烧牛舌或裹面包屑煎牛舌		●		●	●	●●	●	
烤鸭肉切片				●●		●	●●●	
炖猪蹄		●●		●	●	●		
黄焖牛胸	●			●	●	●		
烩牛膝					●	●●		
烤羊肩					●	●	●●●	
烤乳鸽、丘鹬、野鸽或鹌鹑		●				●	●●●	
陈皮鸭				●●		●●●	●●	
烤鸭		●		●●●		●●	●●	

●可接受或好；●●强烈推荐；●●●极佳。

表9-10　　　　　　　肉类：内脏、野味和家禽（续）

菜肴	强化葡萄酒	起泡酒	未陈酿白葡萄酒	陈酿白葡萄酒	桃红/淡红葡萄酒	年轻红葡萄酒	陈年红葡萄酒	甜酒
橄榄炖鸭		●		●●		●●●	●●	
圣诞烤火鸡		●●		●●		●●●	●●	
蘑菇炖火鸡	●	●●		●		●●●	●●	
巧克力鹧鸪		●●		●	●	●●●	●	
葡萄炖鹌鹑		●		●		●●	●●	
卤鹧鸪		●	●		●	●		
炖鹧鸪		●●		●		●●	●●●	
什锦牛肉糜或鹿肉糜		●				●●	●●	
酿乳鸽				●●		●●	●●●	
蒜香鸡		●		●●	●	●●●	●●	

相知相伴葡萄酒
Entender De Vino

菜肴	强化葡萄酒	起泡酒	未陈酿白葡萄酒	陈酿白葡萄酒	桃红/淡红葡萄酒	年轻红葡萄酒	陈年红葡萄酒	甜酒
咖喱鸡		●		●●		●●		
烤鸡或炖鸡		●●		●●	●	●●●	●	
油焖鸡或油焖小鸡		●●		●		●●●		
烤小鸡		●		●		●●	●●●	
烧牛尾		●●				●●	●●	
蔬菜炖牛肉		●		●		●●	●	
炖或烤牛肉圆片		●		●●		●●		
雪利酒炖腰子	●●	●		●		●●		
法兰克福香肠			●●			●	●●	
裹面包屑炸牛脑	●	●				●●	●	
胡椒牛腩		●				●●	●	
铁板猪里脊		●		●●	●●	●●		
沙朗牛排或铁板牛脊					●	●●●	●●	
鞑靼牛排、牛肉汉堡或肉糜		●		●		●●		
陶罐焖兔肉或鸡肝或兔肉馅饼或鸡肝馅饼		●		●	●	●●●	●●	
烤鹿肉或炖鹿肉		●		●	●	●●	●●●	

注　牛排可以煎、裹面包屑炸或铁板烤或铁箅烤。

●可接受或好；●●强烈推荐；●●●极佳。

表9-11　　　　　奶　酪

菜肴	强化葡萄酒	起泡酒	未陈酿白葡萄酒	陈酿白葡萄酒	桃红/淡红葡萄酒	年轻红葡萄酒	陈年红葡萄酒	甜酒
布里奶酪			●	●●●	●	●●		
阿斯图里亚斯奶酪		●●	●					●●●*
法国卡门贝软质乳酪					●	●		
切达干酪,格鲁耶尔干酪或埃曼塔奶酪	●	●		●		●●	●●●	
用来涂抹面包的奶酪或费城奶酪	●	●	●	●				

续表

菜 肴	强化葡萄酒	起泡酒	未陈酿白葡萄酒	陈酿白葡萄酒	桃红/淡红葡萄酒	年轻红葡萄酒	陈年红葡萄酒	甜酒
奶酪火锅			●●	●				
（布尔戈斯或其他）鲜酪		●	●	●●	●			●*
卡布拉鲜酪			●●					
伊蒂阿萨巴尔干酪		●	●		●	●●	●●●	
马弘软奶酪		●		●		●●		
拉曼恰腌制奶酪或其他奶酪		●●		●		●●	●	
橄榄油或马郁兰配马苏里拉奶酪			●		●			
洛林乳蛋饼			●●		●●	●		
罗马诺干酪								
洛克福羊乳干酪		●●	●●	●				●
奶酪起酥			●	●		●●	●●●	●●●*
斯提耳顿奶酪		●				●	●●	
Tetilla奶酪	●	●	●	●		●●	●●	●●●**
恺撒蛋糕		●						
瓦什寒奶酪	●	●		●		●●	●●	

* 配波尔多索坦或其他甜白葡萄酒。

** 配波特甜酒。

●可接受或好；●●强烈推荐；●●●极佳。

表9-12　　　　　　　　饭后甜点

菜 肴	强化葡萄酒	起泡酒	未陈酿白葡萄酒	陈酿白葡萄酒	桃红/淡红葡萄酒	年轻红葡萄酒	陈年红葡萄酒	甜酒
西班牙米布丁								●*
朗姆酒蛋糕或利口酒蛋糕		●						●●**
糖果松露								●*和**
吉普赛蛋糕								●**
咖啡味蛋糕								●*
巧克力味蛋糕		●						●*和**

相知相伴葡萄酒
Entender De Vino

菜 肴	强化葡萄酒	起泡酒	未陈酿白葡萄酒	陈酿白葡萄酒	桃红/淡红葡萄酒	年轻红葡萄酒	陈年红葡萄酒	甜酒
奶油蛋糕								●●*
鲜果蛋糕或烘焙水果蛋糕	●							●●**
浆果蛋糕			●●			●●	●●	●●**
坚果蛋糕	●							●*
薄荷蛋糕								●**
奶酥		●						●●●**
酸奶蛋糕								●●●**
焦糖布丁								●●**
法式橙酒薄饼		●						
柑橘糕								●**
水果沙拉								●*和**
布丁								●**
杏仁糖糕								●●**
火腿甜瓜		●	●		●			
蛋白酥		●						
奶昔								●**
红酒雪梨								●**
苹果蛋糕			●					●●**
芝士蛋糕								●●**
圣地亚哥蛋糕								●**
瓦片	●							●*
蛋黄布丁		●						●●**
果仁糖糕	●							●●●*

注 1 普通产品（见巧克力）包括所有制作方式的巴伐利亚奶酪、可丽饼、奶油、果脯、布丁、慕斯、蛋糕、饼干、菜泥等。

　　2 一般果味雪糕和冰淇淋都可以配强化葡萄酒。

　*　配强化甜葡萄酒。

**　配白葡萄甜酒。

　●可接受或好；●●强烈推荐；●●●极佳。

葡萄酒及其配菜的关系

强化葡萄酒

（***）

滨螺

鱿鱼

大红虾

鱿鱼或墨鱼

墨鱼仔

煎鱿鱼或章鱼丸

小龙虾

斧蛤

干果

明虾

生火腿

对虾

猪里脊

对虾或小虾

雪利酒炖腰子

（**）

油橄榄

凤尾鱼

蟹

加泰罗尼亚香肠

鱼类小吃

奶酪小吃

火腿丸子、鸡肉丸子、海鲜丸子等

纳瓦罗香肠

西班牙辣香肠

鸡尾海鲜

火腿馅饼或肉馅卷饼

安达卢西亚油煎

鹅肝酱、鸭肉、兔肉等

生蔬菜或番茄

咸干金枪鱼条

---

❶ 编者注 原书未注，推测（*）（**）（***）与前面表中"●""●●""●●●"含义类似，分别指*可接受或好；**强烈推荐"；***极佳。

莫康西班牙香肠

腌制或熏制鲑鱼

马略卡香肠

(*)

酱烧肉丸

生蛤

腌制凤尾鱼

马德里牛肚

小龙虾

咸牛肉或鹿肉

银鱼

烤乳猪

蒜蓉兔肉

猪油冻

俄罗斯土豆沙拉

冷汤

贻贝

黄焖牛胸

西班牙血肠

磨面蟹

牡蛎

蘑菇炖火鸡

藤壶

鲜果蛋糕或烘焙水果蛋糕

坚果蛋糕

切达干酪，格鲁耶尔干酪或埃曼塔奶酪

用来涂抹面包的奶酪或费城奶酪

瓦什寒奶酪

鸡尾海鲜

沙丁鱼

裹面包屑炸牛脑

瓦片

罐焖鱼

芝士蛋糕

恺撒蛋糕

果仁糖糕

起泡酒

(***)

鱼子酱

(**)

生蛤

凤尾鱼

肉饼

牛肉或小牛肉切片

煎鱿鱼或章鱼丸

野兔

鸡尾海鲜

蒜蓉兔肉

斧蛤

糖醋鸭或糖醋鹅

火腿丸子、鸡肉丸子、海鲜丸
子

火腿馅饼或肉馅卷饼俄罗斯土
豆沙拉

盐炒白芦笋／绿芦笋

炖牛肝

鹌鹑蛋

炖猪蹄

罗马鳕鱼

牡蛎

圣诞烤火鸡

蘑菇炖火鸡

巧克力鹧鸪

炖鹧鸪

藤壶

咸鱼

烤鸡或炖鸡

油焖鸡或油焖小鸡

青纹奶酪

拉曼恰腌制奶酪或其他奶酪

羊乳干酪

对虾或小虾

牛尾

沙丁鱼

（＊）

牛油果配海鲜

杏仁蒜蓉冷汤

酱烧肉丸

腌蛤蜊

白豆或其他辣香肠或野味

煎蛙腿或裹面包屑煎蛙腿

鳗鱼海鲜拼盘

金枪鱼或鲣鱼配番茄或洋葱

鸡蛋大蒜干鳕鱼

鸟蛤

肉馅、蔬菜或米饭酿茄子

滨螺

朗姆酒蛋糕或利口酒蛋糕

大螯虾

腌制凤尾鱼

蟹

加泰罗尼亚香肠

烤或炸裹面包屑的西葫芦

烘烤西葫芦

鱿鱼、墨鱼或乌贼

炖羊肉

牛尾汤	法式橙酒薄饼
马德里牛肚	剑鱼
鱼类小吃	奶酪煎菊苣
奶酪小吃	橄榄油和醋拌沙拉（杂拌、绿
小龙虾	叶菜等）
比利亚尔瓦填馅烤鸡	鳗鱼沙拉
大红虾	大米沙拉
冷牛肉或烤牛肉	牛排
鲜鱼片或海鲜刺身	海胆
蜘蛛蟹	炖鹿肉或炖牛肉
猪油冻	
墨斗鱼	葡萄烧野鸡或烤野鸡
纳瓦罗香肠	菲力牛排
墨鱼仔	鸡胸或火鸡胸
西班牙辣香肠	猪排
煎牛排或猪排	煎鹿里脊、小牛排或狍子里脊
炸羊排	鹅肝酱、鸭肉、兔肉等
小龙虾	干果
烤猪里脊或猪肉条	海鲂
烤乳猪	明虾
炖兔肉	西班牙凉菜汤
鳗鱼酱	鳄梨色拉酱
清汤	生火腿
炖或烤羊肉或羔羊肉	芜菁叶腌猪肉
煎猪排或烤猪排	龙虾

对虾

烤牛舌、红烧牛舌或裹面包屑

煎牛舌

蝙鱼

猪里脊

海鲈鱼

烤鸭肉切片

砂锅狐鲣鱼

贻贝

火腿甜瓜

炖菜、菜泥汤或蔬菜饼

蛋白酥

无须鳕鱼

石斑鱼

咸干金枪鱼条

牛胸

西班牙血肠

莫康西班牙香肠

蛏子

磨面蟹

烤乳鸽、丘鹬、野鸽或鹌鹑

番茄面包

意大利面配鱼或海鲜

炖土豆或烤土豆

陈皮鸭

烤鸭

橄榄炖鸭

葡萄炖鹌鹑

卤味鹧鸪

酸菜鱼

黑线鳕鱼

箭鱼

咸牛肉或鹿肉

酿乳鸽

蒜香鸡

咖喱鸡

巧克力蛋糕

酥皮蛋糕

烤小鸡

加利西亚鳕鱼、章鱼或扇贝

鹰嘴豆菜泥汤、扁豆或豌豆菜泥汤

马弘软奶酪

Tetilla 奶酪

用来涂抹面包的奶酪或费城奶酪

（布尔戈斯或其他）鲜酪

伊迪亚萨瓦尔奶酪

隆卡尔奶酪

瓦什寒奶酪

相知相伴葡萄酒

Entender De Vino

切达干酪，格鲁耶尔干酪或埃曼塔奶酪

蔬菜炖牛肉

琵琶鱼

炖或烤牛肉圆切片

雪利酒炖腰子

大比目鱼

大香肠、意大利腊肠或干肉肠

腌制或熏制鲑鱼

鸡尾海鲜

裹面包屑炸牛脑

蘑菇配生火腿

炖、烤或炒松露蘑菇

蘑菇或蒜蓉蘑菇

马略卡香肠

胡椒牛腩

铁板猪里脊

大蒜汤

芦笋汤

海鲜汤

海鲜杂烩汤

鞑靼牛排、牛肉汉堡或肉糜

陶罐焖兔肉或鸡肝或兔肉馅饼或鸡肝馅饼

焦糖布丁

鱼蓉或海鲜蓉酿冷番茄

恺撒蛋糕

河鳟

松露或松露菜肴

烤鹿肉或炖鹿肉

盐煮金枪鱼腹肉条

奶油浓汤

酱汁扇贝

杂鱼海鲜拼盘

未陈酿白葡萄酒

(***)

生蛤

鸟蛤

滨螺

蟹

蔬菜烩鱼

小龙虾

大红虾

小龙虾

鸡尾海鲜

斧蛤

剑鱼

海胆

海鲂

明虾	俄罗斯沙拉
海鲈鱼	鹅肝酱、鸭肉、兔肉等
无须鳕鱼	奶酪火锅
蛏子	干果
磨面蟹	奶酪炒鸡蛋
牡蛎	西班牙血肠
藤壶	粗粉团
黑线鳕鱼	香蒜罗勒意大利面
加利西亚章鱼、扇贝或无须鳕鱼	意大利面配调味酱和奶酪
	意大利面加蛋和干酪（烤面条加干酪沙司）
对虾或小虾	咸鱼
羊鱼	鱼配意大利绿酱
鸡尾海鲜	浆果蛋糕
河鳟	洛克福羊乳干酪
酱汁扇贝	新鲜山头奶酪
（**）	洛林乳蛋饼
牛油果配海鲜	法兰克福腊肠
腌蛤蜊	鲑鱼
油浸腌鳕鱼或比斯开鳕鱼	腌制或熏制鲑鱼
大螯虾	沙丁鱼
凤尾鱼	西洋菜汤
浓味鱼肉汤	芦笋汤
鱿鱼、墨鱼或乌贼	鱼或海鲜起酥或慕斯
鱼类小吃	洋葱饼或香葱饼
奶酪小吃	

相知相伴葡萄酒
Entender De Vino

陶罐焖鱼

鱼蓉或海鲜蓉酿冷番茄

调味酱拌蔬菜

(*)

杏仁蒜蓉汤

洋蓟配生火腿

盐渍凤尾鱼

海鲜饭

咖喱饭

猪肉饭

胡椒大蒜烧鳕鱼

肉馅、蔬菜或米饭酿茄子

加泰罗尼亚香肠

裹面包屑烤或炸西葫芦

香菇薄片

鲜鱼片或海鲜刺身

蜘蛛蟹

银鱼

纳瓦罗香肠

墨鱼仔

煎鱿鱼或章鱼丸

酸菜

触须白鱼

烤或煮猪肘

生菜心

裹面包屑煮或烤花椰菜

酱汁扇贝

火腿馅饼或肉馅卷饼

奶酪烤菊苣

橄榄油加醋拌沙拉（杂拌、绿叶菜）

鳗鱼沙拉

大米沙拉

土豆沙拉

盐炒白芦笋 / 绿芦笋

蛋黄酱焗白芦笋 / 绿芦笋或香葱

安达卢西亚油煎

明虾

西班牙凉菜汤

鳄梨色拉酱

蚕豆、豌豆或绿豆配火腿

生蔬菜或番茄

鹌鹑蛋

调味酱拌水煮蛋

荷包蛋

小葱炒鸡蛋

菠菜和 / 或明虾炒蛋

黄油炒四季豆

龙虾

蝙鱼

猪里脊

黄油炒甜玉米

蒜茸海鲜

砂锅狐鲣鱼

贻贝

火腿甜瓜

炖菜、菜泥汤或蔬菜饼

罗马无须鳕鱼

石斑鱼

咸干金枪鱼条

橄榄油和马郁兰配马苏里拉干

酪

马铃薯粉团

海鲜饭

意大利面配番茄、奶酪或西班

牙辣香肠

意大利面配蔬菜

炖土豆或烤土豆

浇汁鹌鹑

盐渍海鲜

海鲜配意大利绿酱

箭鱼

茄子炒甜椒

拉曼恰风味炒蔬菜

南瓜浓汤

鹰嘴豆泥、小扁豆或豌豆泥

焗土豆泥

香葱沙拉

布里干烙

阿斯图里亚斯奶酪

Tetilla 奶酪

用来涂抹面包的奶酪或费城奶

酪

（布尔戈斯或其他）鲜奶酪

伊蒂阿萨巴尔干酪

隆卡尔奶酪

琵琶鱼

大比目鱼

芹菜汤

西葫芦汤

南瓜汤

洋葱汤

花椰菜汤

蘑菇汤

菠菜汤

面汤

鹰嘴豆汤

豌豆汤

相知相伴葡萄酒
Entender De Vino

莴苣汤	贻贝
海鲜汤	罗马无须鳕鱼
海鲜杂烩汤	烤鸭
木薯汤	咸鱼
番茄汤	布里干酪
朱莉安娜蔬菜汤	琵琶鱼
蛋奶酥	大比目鱼
苹果蛋糕	鲑鱼
恺撒饼	松露或松露菜肴
盐煮金枪鱼或狐鲣鱼腹肉条	
油醋汁拌蔬菜	(**)
奶油浓汤	煎蛙腿或裹面包屑煎蛙腿
杂鱼海鲜拼盘	鳗鱼海鲜拼盘
	古巴米饭
陈酿白葡萄酒	咖喱饭
(***)	猪肉饭
腌蛤蜊	海鲜饭
胡椒大蒜鳕鱼	滨螺
Pilpil 鳕鱼或比斯开鳕鱼	加泰罗尼亚香肠
大螯虾	裹面包屑煎西葫芦
鲜鱼片或海鲜刺身	焖鱼
蜘蛛蟹	小龙虾
鳗鱼沙拉	比利亚尔瓦填馅烤鸡
土豆鳕鱼炒鸡蛋	大红虾
砂锅狐鲣鱼	酿牛肉

冷牛肉或烤牛肉

牛肉或小牛肉切片

鱼子酱

触须白鱼

烤猪肘或炖猪肘

蒜蓉兔肉

鳗鱼酱

火腿丸子、鸡肉丸子或海鲜丸子

纳瓦罗香肠

剑鱼

火腿馅饼或肉馅卷饼

奶酪烤菊苣

海胆

鹅肝酱、鸭肉或兔肉等

海鲂

鳄梨色拉酱

生火腿炖牛肝

龙虾

对虾

烤牛舌、红烧牛舌或裹面包屑炸牛舌

蝙鱼

猪里脊

烤鸭肉或烧烤鸭肉切片

蒜蓉海鲜

无须鳕鱼

咸干金枪鱼条

牛胸

磨面蟹

海鲜饭

意大利面加蛋和干酪（烤面条加干酪沙司）

意大利面配蔬菜

陈皮鸭

橄榄炖鸭

圣诞烤火鸡

蘑菇炖火鸡

葡萄炖鹌鹑

卤味鱼

酿乳鸽

蒜香鸡

咖喱鸡

烤鸡或炖鸡

加利西亚或阿图斯里亚斯炖锅

加利西亚鳕鱼、章鱼或扇贝（布尔戈斯或其他）鲜酪

炖牛肉或烤牛肉圆切片

铁板蘑菇或松露，或炒蘑菇或松露

铁板牛脊	墨鱼
芹菜汤	墨鱼仔
洋葱汤	烤肉或烤里脊条
蘑菇汤	佛兰德斯式土锅炖野兔
芦笋汤	烤乳猪
鹰嘴豆汤	鸡尾海鲜
海鲜汤	生菜心
鱼或海鲜起酥或慕斯	炖兔肉
盐煮金枪鱼或狐鲣鱼腹肉条	清汤
	斧蛤
(*)	炖羔羊肉或烤羔羊肉
生蛤	土豆沙拉
盐渍凤尾鱼	ENTRECOT 牛排
金枪鱼或狐鲣鱼配番茄或洋葱	菲力牛排
海鲜饭	鸡排或火鸡排或鸡胸肉或火鸡
鸡肉饭或野味饭	胸肉
鸟蛤	奶酪火锅
蟹	干果
鱿鱼、墨鱼或乌贼	蚕豆、豌豆或绿豆配火腿
肉汤配蔬菜	调味酱拌水煮蛋
牛尾汤	荷包蛋
马德里牛肚	土豆、香肠和甜椒煎蛋
鱼类小吃	小葱炒鸡蛋
奶酪小吃	芦笋或蚕豆炒蛋
香菇薄片	菠菜和/或明虾炒蛋

火腿炒蛋

土豆炒鸡蛋

奶酪炒蛋

白豆、彩豆或红豆炖汤

橄榄油大蒜煨四季豆

黄油炒四季豆

芜菁叶腌猪肉

辣香肠烧扁豆

海鲈鱼

黄油炒甜玉米

炖猪蹄

炖菜、菜泥汤或蔬菜饼

石斑鱼

蛏子

粗粉团

牡蛎

鸡肉饭、野味饭或猪肉饭

香蒜罗勒意大利面

意大利面配大蒜、橄榄油和辣

椒末

意大利面配调味酱和奶酪

意大利面配鱼肉或海鲜

意大利面配番茄、奶酪或西班

牙辣香肠

炸马铃薯沾大蒜蛋黄酱

炖或烤马铃薯

藤壶

巧克力鹧鸪

炖鹧鸪

黑线鳕鱼

炒青椒或炒茄子

拉曼恰风味炒蔬菜

油焖鸡或油焖小鸡

炖鹰嘴豆或菜豆

烤小鸡

南瓜浓汤

鹰嘴豆泥、小扁豆或豌豆泥

香葱沙拉

切达干酪，格鲁耶尔干酪或埃

曼塔奶酪

马弘软奶酪

Tetilla 奶酪

拉曼恰腌制奶酪或其他奶酪

洛克福羊乳干酪

瓦什寒奶酪

蔬菜炖牛肉

肉汤、橄榄油、大蒜煨甘蓝或

球芽甘蓝

雪利酒炖腰子

腌制或熏制鲑鱼

相知相伴葡萄酒

Entender De Vino

鸡尾海鲜	**粉红／淡红葡萄酒**
西洋菜汤	（＊＊＊）
菠菜汤	番茄面包
面汤	杂鱼海鲜拼盘
豌豆汤	
莴笋汤	（＊＊＊）
甜椒汤	盐渍凤尾鱼
番茄汤	海鲜饭
蔬菜汤或朱莉安娜蔬菜汤	古巴米饭
奶酪起酥	咖喱饭
鞑靼牛排、牛肉汉堡或肉糜	猪肉饭
陶罐焖鱼	海鲜饭
陶罐焖兔肉或鸡肝或兔肉馅饼	鸡肉饭或野味饭
或鸡肝馅饼	浓味鱼肉汤
鱼蓉或海鲜蓉酿冷番茄	加泰罗尼亚香肠
烤肉馅酿番茄或西葫芦	炖牛肉
土豆煎蛋饼或洋葱土豆煎蛋饼	冷牛肉或烤牛肉
法式蛋饼	米兰式小牛肉片
河鳟	炖鹿肉或炖牛肉
炖鹿肉或炖牛肉	海鲜饭
调味酱拌蔬菜	鸡肉饭、野味饭或猪肉饭
酱汁扇贝	肉酱意大利面（猪肉蕃茄酱）
杂鱼海鲜拼盘	香蒜罗勒意大利面
	意大利面加蛋和干酪（烤面条
	加干酪沙司）

意大利面配大蒜、橄榄油和辣椒末

意大利面配调味酱和奶酪

意大利面配鱼肉或海鲜

意大利面配番茄、奶酪或西班牙辣香肠

意大利面配蔬菜

洛林乳蛋饼

香肠、腊肠或干肉肠

铁板牛脊

菠菜汤

海鲜杂烩浓汤

烤肉馅酿番茄或西葫芦

(*)

牛油果配海鲜

白豆或其他豆类配腊肠或野味

鳗鱼海鲜拼盘

金枪鱼或狐鲣鱼配番茄或洋葱

胡椒大蒜鳕鱼

Pilpil 鳕鱼或比斯开鳕鱼

裹面包屑烤或煎西葫芦

裹面包屑烘烤西葫芦

牛肉清汤配蔬菜

马德里牛肚

鱼类小吃

奶酪小吃

香菇薄片

咸牛肉或鹿肉

蜘蛛蟹

纳瓦罗香肠

西班牙辣香肠

煎牛排或煎猪排

烤猪里脊条

杂烩

触须白鱼

生菜心

酱汁鳗鱼

清汤

烤猪排或煎猪排

火腿丸子、鸡肉丸子或海鲜丸子

剑鱼

火腿馅饼或肉馅卷饼

奶酪烤菊苣

橄榄油和醋拌沙拉（杂拌、绿叶蔬菜等）

大米沙拉

鳗鱼沙拉

土豆沙拉

相知相伴葡萄酒
Entender De Vino

盐炒白芦笋 / 绿芦笋

蛋黄酱烹白芦笋 / 绿芦笋或香葱

葡萄烧野鸡或烤野鸡

牛脊

明虾

蚕豆、豌豆或绿豆配火腿

炖牛肝

煎鸡蛋

调味酱拌水煮蛋

荷包蛋

鸡蛋饭

小葱炒鸡蛋

芦笋或蚕豆炒鸡蛋

菠菜和 / 或明虾炒蛋

火腿炒蛋

土豆炒蛋

土豆和鳕鱼炒蛋

奶酪炒蛋

松露炒蛋

生火腿

炖白豆、彩豆或红豆

芜菁叶腌猪肉

加利西亚七鳃鳗

烤牛舌、红烧牛舌或裹面包屑

炸牛舌

西班牙辣香肠烧扁豆

黄油炒甜玉米

炖猪蹄

砂锅狐鲣鱼

火腿甜瓜

炖菜、菜泥或蔬菜饼

罗马无须鳕鱼

石斑鱼

牛胸

西班牙血肠

莫康西班牙香肠

橄榄油和马郁兰配马苏里拉奶酪

磨面蟹

马铃薯粉团

粗粉团

带骨牛腿肉

烤羊肩

炭火烤土豆

炸马铃薯蘸大蒜蛋黄酱

炸马铃薯片

炖土豆或烤土豆

蘑菇炖火鸡

巧克力鹧鸪

156

葡萄烧鹧鸪

卤鹧鸪

炖鹧鸪

卤味鱼

鱼肉配意大利绿酱

拉曼恰风味炒蔬菜

比萨

蒜香鸡

咖喱鸡

烤鸡或炖鸡

油焖鸡或油焖小鸡

炖鹰嘴豆或豆类

加利西亚或阿斯图里亚斯炖锅

焗土豆泥

肉汤、橄榄油、大蒜煨甘蓝或

球芽甘蓝

布里干酪

法国卡门贝尔软质乳酪

用来涂抹面包的奶酪或费城奶

酪

（布尔戈斯或其他）鲜酪

伊蒂阿萨巴尔干酪

马弘软奶酪

隆纳尔奶酪

洛克福羊乳干酪

雪利酒炖腰子

法兰克福腊肠

裹面包屑炸牛脑

蘑菇配生火腿

蘑菇或蒜香蘑菇

马略卡香肠

铁板沙朗牛排或牛脊

西洋菜汤

鹰嘴豆汤

豌豆汤

莴笋汤

海鲜汤

甜椒汤

番茄汤

蔬菜起酥

鞑靼牛排、牛肉汉堡或肉糜

洋葱饼或香葱饼

陶罐焖兔肉或鸡肝或兔肉馅饼

或鸡肝馅饼

鱼蓉或海鲜蓉酿冷番茄

恺撒馅饼

土豆煎蛋饼或洋葱土豆煎蛋饼

法式蛋饼

松露或松露菜希

烤鹿肉或炖鹿肉

相知相伴葡萄酒

Entender De Vino

酱汁扇贝

猪油冻

纳瓦罗香肠

年轻红葡萄酒

西班牙辣香肠

(***)

米兰式煎小牛排

酱汁肉丸

白豆炖猪肉

白豆或其他豆类配香肠或野味

猪里脊

煎蛙腿或裹面包屑煎蛙腿

火鸡排或鸡排或鸡胸肉或火鸡

砂锅鳗鱼

胸肉炖牛肝

海鲜饭

煎鸡蛋

金枪鱼或狐鲣鱼配西红柿或洋

鸡蛋饭

葱

面包屑炒鸡蛋

加泰罗尼亚香肠

土豆、腊肠和甜椒炒鸡蛋

炖羊肉

芦笋炒蛋或蚕豆炒蛋

马德里牛肚

松露炒蛋

炖肉

芜菁叶腌猪肉

牛肉或小牛肉切片

烤牛舌、红烧牛舌或裹面包屑

咸鹿肉或咸牛肉

炸牛舌

墨鱼

西班牙辣香肠烧扁豆

烤猪脊或烤猪肉条

炖猪蹄

杂烩

砂锅狐鲣鱼

烤乳猪

牛胸

蒜蓉兔肉

西班牙血肠

酱汁鳗鱼

莫康西班牙香肠

烤猪排或煎猪排

意大利面配大蒜、橄榄油和辣

火腿丸子、鸡肉丸子或海鲜丸子

椒末

肉酱意大利面（猪肉番茄酱）	腌蛤蜊
陈皮鸭	古巴米饭
橄榄炖鸭	咖喱饭
蘑菇炖火鸡	猪肉饭
圣诞烤火鸡	鱼肉或海鲜饭
巧克力鹧鸪	鸡肉饭或野味饭
葡萄烧鹧鸪	胡椒大蒜烹鳕鱼
蒜香鸡	Pilpil 鳕鱼或比斯开鳕鱼
烤鸡或炖鸡	肉馅、蔬菜或米饭酿茄子
油焖鸡或油焖小鸡	裹面包屑烤或炸西葫芦
炖鹰嘴豆或豆类	裹面包屑烘烤西葫芦
裹面包屑炸牛脑	牛尾汤
蘑菇配生火腿	比利亚尔瓦填馅烤鸡
炖、铁板煎或炒蘑菇或松露	烤肉
蒜香蘑菇	香菇薄片
马略卡香肠	佛兰德斯式土锅炖野兔
胡椒牛腩	烤猪肘或炖猪肘
铁板煎猪里脊	挂糊烤或煮花椰菜
沙朗牛排或铁板煎牛里脊	炖兔肉
陶罐焖兔肉或鸡肝或兔肉馅饼或鸡肝馅饼	糖醋鸭或糖醋鹅
土豆煎蛋饼或洋葱土豆煎蛋饼	炖羔羊肉或烤羔羊肉
松露或松露菜肴	火腿馅饼或肉馅卷饼
盐煮金枪鱼或狐鲣鱼腹肉条（**）	Entrecot 牛排
	炖鹿肉或小牛肉
	葡萄烧野鸡或烤野鸡

相知相伴葡萄酒
Entender De Vino

菲力牛排

煎鹿里脊、小牛排或狍子里脊

浆果蛋糕

蚕豆、豌豆或绿豆配火腿

荷包蛋

炒菠菜和 / 或明虾

土豆炒鸡蛋

土豆鳕鱼炒鸡蛋

炖白豆、彩豆或红豆

橄榄油大蒜煨四季豆

黄油炒四季豆

加利西亚七鳃鳗

猪里脊肉

烤鸭肉切片

蒜蓉海鲜

烩牛膝

鱼或海鲜饭

鸡肉饭、野味饭或猪肉饭

烤羊肩

番茄面包

香蒜罗勒意大利面

鸡蛋奶油意大利面（烤面条加干酪沙司）

奶油酱奶酪意大利面

意大利面配鱼肉

意大利面配番茄、奶酪或西班牙辣香肠

意大利面配蔬菜

烤土豆

蒜油土豆

炸土豆

烤鸭

炖鹧鸪

鱼配意大利绿酱

什锦牛肉糜或鹿肉糜

酿乳鸽

西班牙杂烩

比萨

咖喱鸡

加利西亚或阿斯图里亚斯炖锅

烤小鸡

南瓜浓汤

鹰嘴豆、小扁豆泥或豌豆泥

香葱沙拉

布里干酪

切达干酪、格鲁耶尔干酪或埃曼塔奶酪

隆卡尔奶酪

Tetilla 奶酪

伊迪亚萨瓦尔奶酪

马弘软奶酪

拉曼查腌制奶酪或其他奶酪

瓦什寒奶酪

烧牛尾

蔬菜炖牛肉

炖或烤牛肉圆片

雪利酒炖腰子

法兰克福香肠

香肠、意大利蒜味腊肠或加泰

罗尼亚细香肠

大蒜汤

辣椒汤

奶酪起酥

鞑靼牛排、牛肉汉堡或肉糜

鱼蓉或海鲜蓉酿冷番茄

烤肉馅酿西红柿或西葫芦

恺撒蛋糕

纳瓦拉鳟鱼

烤鹿肉或炖鹿肉

调味酱拌蔬菜

杂鱼海鲜拼盘

(＊)

洋蓟拌生火腿

盐渍欧洲鳀

海鲜鱼汤

焖鱼

牛肉蔬菜汤

奶酪小吃

冷牛肉或烤牛肉

猪排或煎小牛排

炸羊排

奶酪煎菊苣

鹅肝酱、鸭肉、兔肉等

小葱炒鸡蛋

火腿炒鸡蛋

生火腿

蔬菜炖菜、蔬菜浓汤或蔬菜饼

罗马无须鳕鱼

咸干金枪鱼

马铃薯粉团

粗粉团

烤乳鸽、烤丘鹬或烤鹌鹑

炖土豆或烤土豆

卤鹧鸪

卤鱼肉

炒青椒或炒茄子

肉馅大米酿青椒

焗土豆泥

161

相知相伴葡萄酒

Entender De Vino

肉汤、橄榄油、大蒜煨甘蓝或
球芽甘蓝

炖或烤羊肉或羔羊肉

Entrecot 牛排

大比目鱼

炖鹿肉或小牛肉

卡门贝软质乳酪

葡萄烧野鸡或烤野鸡

斯第尔顿奶酪

菲力牛排

洛林乳蛋饼

煎鹿里脊、小牛排或狍子里脊

鲑鱼

加利西亚七鳃鳗

腌制或熏制鲑鱼

烤鸭肉切片

芹菜汤

烤羊肩

西洋菜汤

烤乳鸽、丘鹬、野鸽或鹌鹑

洋葱汤

烤鸭

芦笋汤

炖鹧鸪

菠菜汤

酿乳鸽

面汤

烤小鸡

海鲜汤

伊迪亚萨瓦尔奶酪

蔬菜蛋奶酥

拉曼恰腌制奶酪或其他奶酪

洋葱或大葱饼

切达干酪、格鲁耶尔干酪或埃

法式蛋饼

曼塔奶酪

烧牛尾

陈年红葡萄酒

炖或烤牛肉圆片

（***）

雪利酒炖腰子

比利亚尔瓦填馅烤鸡

胡椒牛腩

侉炖兔肉

奶酪起酥

炖兔肉

烤鹿肉或炖鹿肉

糖醋鸭或糖醋鹅

酱烧肉丸

162

白豆等与火腿或野味

鳗鱼锅

鲔鱼或鲣鱼配番茄或洋葱

胡椒大蒜烧鳕鱼

炖羊羔肉

马德里牛肚

烤肉

牛或鹿的咸肉干

墨汁鱿鱼

西班牙辣香肠

煎牛排或猪排

炸羊排

烤猪里脊或猪肉条

烩菜

烤乳猪

蒜蓉兔肉

煎猪排或烤猪排

菜豆烧咸肉

煎猪里脊

煎火鸡或鸡排或鸡胸肉

浆果蛋糕

炖白豆、彩色豆类或红豆

炖牛肝

面包屑煎蛋

土豆煎蛋、西班牙辣香肠煎蛋、

西班牙甜椒煎蛋

松露炒鸡蛋

炖猪蹄

莫康西班牙香肠

意大利面配番茄、奶酪或西班

牙辣香肠

陈皮鸭

橄榄炖鸭

圣诞烤火鸡

蘑菇炖火鸡

巧克力鹧鸪

葡萄炖鹌鹑

什锦牛肉糜或鹿肉糜

肉馅大米酿青椒

蒜香鸡

炖鹰嘴豆或菜豆

斯第尔顿奶酪

瓦什寒奶酪

生火腿配蘑菇

炖、烤或炒松露蘑菇

蘑菇或蒜蓉蘑菇

马略卡香肠

沙朗牛排或铁板牛脊

陶罐焖兔肉或鸡肝或兔肉馅饼

或鸡肝馅饼

恺撒蛋糕

土豆煎蛋饼或洋葱土豆煎蛋饼

松露或松露菜肴

盐煮金枪鱼鱼腹肉条

杂鱼海鲜拼盘

(*)

洋蓟拌生火腿

鸡肉饭或野味饭

肉馅、蔬菜或米饭酿茄子

加泰罗尼亚香肠

牛尾汤

炖肉

烤或炖猪肘

猪油冻

巴斯克香肠

米兰小牛肉片

芜菁叶腌猪肉

烤牛舌、红烧牛舌或裹面包屑
煎牛舌

熟扁豆配西班牙辣香肠

土豆鲣鱼鱼块

黄焖牛胸

西班牙血肠

意大利面配大蒜、油及辣椒粉

加肉意大利面（波伦尼亚式）

海鲜意大利面

烤土豆

炸土豆

炒青椒或炒茄子

比萨饼

烤鸡或炖鸡

油焖小鸡

加利西亚或阿斯图里亚斯炖锅

Tetilla 奶酪

隆卡尔奶酪

裹面包屑炸牛脑

铁板猪里脊

甜酒

(***)

鹅肝酱、鸭肉、兔肉等

阿斯图里亚斯奶酪

洛克福羊乳干酪

斯第尔顿奶酪

果仁糖糕

(**)

奶油或乳脂蛋糕

（*）

牛奶布丁

糖果松露

水果沙拉

咖啡味蛋糕

巧克力蛋糕

坚果蛋糕

（布尔戈斯或其他）鲜酪

瓦片

白葡萄甜酒

（***）

鹅肝酱、鸭肉、兔肉等

奶酥

酸奶蛋糕

（**）

朗姆酒蛋糕或利口酒蛋糕

焦糖布丁

杏仁糖糕

鲜果蛋糕或烘焙水果蛋糕

浆果蛋糕

苹果蛋糕

芝士蛋糕

蛋黄布丁

（*）

糖果松露

吉普赛蛋糕

柑橘糕

水果沙拉

布丁

奶昔

红酒雪梨

巧克力蛋糕

薄荷蛋糕

（布尔戈斯或其他）鲜酪

圣地亚哥蛋糕

第10章 葡萄酒侍酒

侍酒温度

点好菜要选酒的时候，我们最关心它的温度是否适宜，因为这直接影响进餐质量：如果此时酒的品质取决于某个关键因素，那就一定是温度。

大部分谈到这个话题的书籍或杂志，都会给出一张完整的适饮温度表，区间很大：从起泡酒的6℃到陈酿或珍藏级的18℃。当然，很少有人愿意花几个小时，让每瓶酒的温度都那么合适：结果常常是——有时甚至在餐厅——喝冰冻的白葡萄酒，或温热的红葡萄酒。这真令人惋惜，事实上这是个重要问题，而要达到合适的温度很简单。大多数葡萄酒可以并且应该凉着饮用，即介于10 ~ 18℃之间，白葡萄酒、桃红葡萄酒和淡红葡萄酒对应温度表的下部区域（10 ~ 12℃），年轻红葡萄酒居中（13 ~ 15℃），陈年红葡萄酒对应上部区域（16 ~ 18℃）。

有人反对，他们会说一些白葡萄酒只有冰冷的时候饮用，才更芳香甜美。我建议，把这样的酒送人，再也不要买了。真正值得购买的酒，只要在10℃以下，就会失掉大部分味道和香气。如果是陈年红葡萄酒，超过18℃口味就会受影响：单宁开始分解、减少，酒精将非常突出。

因此，最实际的做法是，将我们的葡萄酒保存在酒窖或酒柜中，温度控制在推荐范围的中部区间（约15℃）。如果想让白葡萄酒再凉一点，可将其放置在一半冰、一半水的桶里（这个方法比用100%的冰块更加快捷），如果是红酒，取出后可先醒酒或直接饮用。要是急着冷却葡萄酒，冰箱效率还真不高。

事实上，在这个节奏越来越快的世界里，我们常需要快速冷却或加热葡萄酒。

第一种情况，也就是我在炎热季节天天使用的最快办法，是把它保存在冰柜里的折叠式保温袋，它能在几分钟内将一瓶红酒从25℃冷却到17℃或更低；另外，在夏季，如果想要保持红葡萄酒或白葡萄酒的温度，这也是非常有用的办法，但是它不适用于冷却白葡萄酒。

在第二种情况下——问题更简单——有两个办法可以迅速升温。最经典的是在温水中进行"水浴"，其缺点是标签会脱落或受损。最现代的办法是用微波炉：也就是两分钟的时间——将旋钮调置到最低火力——就可以将冰箱中保存的红酒（当然，冰箱适合存放已经开瓶，并且希望留到下次喝的酒）从普通冰箱的6℃加热到预期的14 ~ 18℃。如果没有微波炉或不会使用，也不必担心——除非是在冰窖里大宴宾客，否则，葡萄酒可以在杯子里逐渐达到适宜的温度。

饮用温度

虽然我对葡萄酒适饮温度已有定论，下面，我还是为最苛刻的葡萄酒爱好者列出一张最佳适饮温度，见表10-1。

表 10-1 **葡萄酒的最佳适饮温度**

类　型	温　度	葡萄酒	意　见
强化型	8 ~ 10℃ 11 ~ 15℃	淡雪莉酒（曼扎尼拉和菲诺） 仿蒙蒂亚、巴洛·格尔达多斯 （palo—cordatos）， 甜型葡萄酒和波特酒	

续表

类 型	温 度	葡萄酒	意 见
起泡酒（E）*	8 ~ 10℃	所有	温度过低会破坏香槟酒的香气
白葡萄酒	10 ~ 13℃	未陈酿（BS）和陈酿（BC）干白	未陈酿型适合温度偏低，陈酿型适合温度偏高
红葡萄酒**	16 ~ 18℃ 12 ~ 14℃ 11 ~ 15℃	陈年红酒（TG） 年轻红酒（TJ） 桃红/淡红酒	清淡型温度偏高，浓烈型温度偏低 陈酿型温度偏高，碳浸渍或未陈酿型温度偏低 桃红酒温度偏低，淡红酒温度偏高
甜酒	9 ~ 11℃ 11 ~ 15℃ 11 ~ 15℃	麝香	佩德罗希梅内斯，班尼斯索坦，巴萨克，马莎拉，托凯伊

* 起泡酒和香槟要冷喝。必须提前放进冰箱，但千万别冷冻。

** 根据餐厅室温、年份和葡萄酒类型确定。

建议

（1）请注意，如果情况紧急，可将葡萄酒放在冰柜里冷却，或放在烟囱或散热器旁加热；但通常情况下，过冷或过热都会破坏葡萄酒的口味。

（2）应考虑到，葡萄酒温度将随环境和季节温度的不同而不同。

（3）温度过高时，酒精味突出；温度过低，会凸显单宁的苦涩。

（4）如果酒瓶是凉的，酸味将结合果香，使口感更加清爽宜人。

（5）过冷的葡萄酒不会特别芳香。

（6）饮用葡萄酒时，温度应比规定温度低2 ~ 3℃：它会在餐桌上慢慢升温。

（7）醒酒较难控制温度。如果天气很热，就不要醒。

温度计

　　如果您对葡萄酒没太多经验，那温度计是验证温度的有效工具。熟悉的话就不需要了。

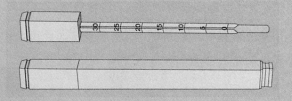

软木塞

　　几个世纪以来，由于不正确的包装和密封，大部分非强化葡萄酒都面临储存问题。后来，著名修道士 Dom Perignon（他的名字已经变成了著名的香槟品牌）发现，对于 18 世纪就已经使用的玻璃瓶而言，软木塞是最理想的密封材料，如图 10-1 所示。

　　软木塞有很多优点：弹性好，塞入后可以很好地根据瓶颈调节大小；无特殊气味，浸水后能阻止氧气进入——氧气对葡萄酒来说是致命的。因此，在我们的酒窖中，酒瓶应水平放置或倒置。

　　优质软木日益短缺（仅葡萄牙和西班牙生产），成本不断上升。如果是普通酒，厂家大都选择聚合木塞（用软木屑粘合而成的）或合成材料制成的人工合成木塞，以及最近使用越来越多的金属螺旋盖。一些新世界国家，如以出产"长相思"白葡萄酒出名的新西兰，全部采用金属螺旋盖来密封。大多数葡萄酒爱好者可能不太愿意将高档葡萄酒的软木塞换作其他

材料。事实上，高档葡萄酒除了酒本身之外，其独特之处还在于毫无瑕疵的精致软木塞，长度可达到 60mm。

软木塞种类

市面上有各类软木塞，分别适用于不同葡萄酒。

（1）长木塞。用于高档葡萄酒。长度等于或大于 50mm，以优质软木制成，非常适合久藏的葡萄酒。好木塞可以用 25 年或更长时间。

（2）短木塞。与上一种特点相同，但长度小于 50mm，用于密封年轻葡萄酒。

（3）聚合木塞。由粘合的软木屑加工而成，用于普通葡萄酒、起泡酒和香槟。右图是用过的香槟塞，其上部为蘑菇型，底部压缩在瓶颈处，外面加一个金属盖儿。

图 10-1　软木塞样式

（4）人工合成塞。合成塞，以替代传统软木，避免 TCA 问题。

TCA 问题

木塞影响葡萄酒，尤其是优质葡萄酒最常见的问题是霉味，这在西班牙被称为"软木问题"，在法国和其他国家则叫作"带木塞味"。

在研究了木箱里运输的苹果和鸡肉后，瑞士人 Henry Tanner 发现，最常引起霉变气味的源头是一种氯化物，它是在潮湿环境下由微生物引起的。最常见的是氯化物是 2.4.6 - 三氯苯甲醚，即通常所说的 TCA，它的气味异常强烈，只要浓度达到万亿分之二，人们就可以用鼻子嗅到！

一般酒窖中 TCA 的源头是受潮木头，这在酒窖里很常见，通风不良的话会更严重。如陈酿使用的木笼、橡木桶、木板或用来支撑固定酒桶的楔子，以及木架、木梁等物体。

这个问题影响到很多酒庄(其中包括最知名的酒庄)，约 1% ~ 5% 的葡萄酒深受其害。但未来几年，橡木桶公司——最知名的如葡萄牙 Amorim 公司——将投入大量资金进行调查研究，而且防范措施日益完善，如对全新或半新橡木桶及酿酒或酒窖建设过程中使用的木料进行检验，确保不被氯化物污染，并以绿色标签标识。相信不久之后，这个问题会得到圆满解决。

开瓶

一定要小心开瓶。选择开瓶器很重要：适当的开瓶器既能省力，又不会弄碎木塞。

在拔出软木塞之前，必须剥掉瓶帽（目前很多酒款的瓶装设计都不再

使用瓶帽，软木塞便一目了然）。最容易的是用开封器，轻转一圈，就可完整剥去。如果没有，也可用折刀或小刀。

开启年份波特有一个特殊步骤，就是用烧红的火钳夹断瓶口。马德里 Zalacain 餐厅著名侍酒师 Custodio Zamarra 先生深谙此技，不过如今几乎没人这样做了。

开瓶器

它是开启葡萄酒的基本工具，从香槟王时代就有。经过长期不断改进，制造商已经凭借想象力和技术，创造出多姿多彩的艺术造型。开瓶器结构简单，一个用来穿透软木塞的螺旋杆——要足够长才能轻松拔出木塞——和两个控制把手，如图 10-2 所示。

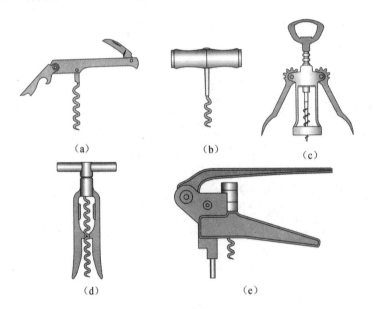

(a)　　　　　　　　(b)　　　　　　　　(c)

(d)　　　　　　　　(e)

图 10-2　开瓶器种类

（a）侍应生或侍酒师使用的开瓶器；（b）经典开瓶器；（c）蝶形开瓶器；

（d）斯克鲁普连体式开瓶器；（e）斯克鲁普杠杆式开瓶器

（1）经典型。在一根短的圆柱形把手上，伸出一个螺旋锥，它能轻易插入木塞中，避免猛烈晃动酒瓶。不足之处是，一旦插入，需要很大力气才能拔出。

（2）侍应生或侍酒师型。最常用类型。用一个支撑卡在瓶颈上，螺旋锥很长，附带的小刀可用来切掉瓶帽。使用时，将螺旋锥旋入，再利用杠杆原理，借助两个把手将塞子拔出。这种方式需要一定的技巧。

技术资料

避免使用压缩空气开瓶器

现在市面上有一种压缩空气开塞器。乍看上去似乎很便捷，但它也有缺点：它有一根很长很细的针，穿入软木塞后用压力将空气送入葡萄酒与塞子之间。随着压力消失，空气便进入到了葡萄酒中，因而不是一种很好的方法。

建议

如何选择优质开瓶器

我建议大家使用连体式或杠杆式开瓶器，以下建议供您参考：

● 避免使用手动或平行四边形开瓶器，它们需要很大力气才能拔出。

● 如果瓶塞已受霉菌侵蚀，或因时间过长而变得脆弱，应当使用双叉型开瓶器，不过使用这种开瓶器需要一定的技巧。

（3）蝶形开塞器。有两个臂杆和一个齿轮机构,可轻松操作螺旋锥。插入软木塞后,向上挤压臂杆就能很快拔出瓶塞。

（4）连体式开瓶器。将螺旋锥插入瓶塞的同时,塞子就可自动拔出。

（5）斯克鲁普开瓶器。这种连体式开瓶器在各地酒庄得到普遍使用,如果你和我一样不会开瓶的话,建议使用这个类型。它最大的优势是,正对瓶口中央插入后,不停旋转开瓶器手柄,就能毫不费力地轻松拔出木塞。一些质量很差的瓶塞容易断裂,很难拔出。这种类型最精致的版本——杠杆式开瓶器,使用起来非常方便,但价格偏高。

要注意,千万不要使用仿制品。

开瓶

开瓶,尤其是开启上乘葡萄酒,需要仔细关注下列步骤,如图10-3所示。

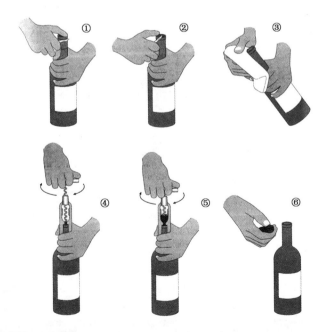

图10-3　开启葡萄酒步骤

①~②打开瓶帽。在操作时，瓶子应当垂直放置。用开封器（最好的方式）在瓶颈处切开，如果没有的话，用小刀来切，切记拿稳酒瓶。

③取下瓶帽后，用一块干净布擦拭瓶口。

④将开瓶器螺旋锥插入软木塞中央，避免移动，并始终保持垂直而不偏离软木塞中心。

⑤逐步、轻柔地去掉塞子，动作要连续。

⑥拔掉塞子后，检查软木塞，用食指和拇指挤压以确认其弹性。然后闻一下与葡萄酒接触的部分，确认无异味，尤其是霉味。

可行的建议

软木塞断裂

如果软木塞断成两半，尽量将开瓶器斜插入剩下的塞子中，然后轻轻向上拔。

木塞掉入瓶子

有时候，特别是质量很差或者断开的软木塞，会掉进瓶子里。有一种小工具，由三个杆和弹簧组

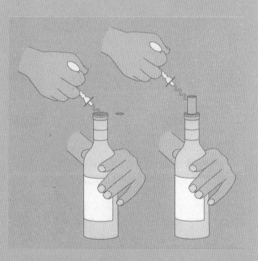

成，用手柄控制，就能将掉下去的木塞完整取出。这种情况下应检验葡萄酒，它很可能已经变质。

开起泡酒

　　香槟或起泡酒不同于其他葡萄酒，不需要开瓶器。它是高压灌装，打开应避免猛烈开瓶。如果是热烈的气氛中庆祝胜利，建议晃动瓶子，让瓶塞弹出，喷洒在宾客身上。一般情况下，酒瓶应保持垂直放置，然后按照以下步骤，如图 10-4 所示。

　　① 用刀子去掉外包装和金属瓶盖。

　　② 拆掉包着瓶塞的蘑菇型金属套，用拇指按住，避免塞子弹出。

图 10-4　开起泡酒步骤

③ 去掉金属套和盖，用另一只手握住塞子。

④ 一手拿住塞子，一手握住瓶身稍微倾斜。轻轻旋转酒瓶。一旦开始，不要改变旋转方向，不然可能把软木塞弄碎。

⑤ 借助压力的作用，向上拔塞子。轻轻拔出，避免产生微爆。

酒杯与酒瓶

酒杯

能否从葡萄酒中获得最大乐趣，某种程度上也取决于酒杯，但它常存在问题。比如，很多家庭（及某些落后餐厅）到现在还在使用小杯喝葡萄酒。作为葡萄酒爱好者，我们要求的酒杯应具备下列特点。

（1）高脚杯而非普通水杯。使用高脚杯时，我们可以拿着杯柄，这样既能观察葡萄酒，也可晃杯，让香气散发出来，而不会因握杯使酒升温。

（2）应当使用透明无色的精致玻璃杯或水晶杯，以观察色泽。最理想的是 18 世纪末出现的手工吹制的水晶杯，不过现代技术已用机器生产精美的玻璃杯了，而且价格便宜很多。不要使用雕刻、有奇异花纹或彩色的玻璃杯、水晶杯。

● 如斟酒量在 90 ~ 110mL 之间，那么酒杯容量应是它的 2.5 倍，相当于一瓶酒倒出 7 ~ 8 杯。因此，杯子的容量要足够大，约为 250mL，或更大，这样可自如晃动葡萄酒，让香气尽情释放。

● 酒杯要收口，杯口直径应比杯子最宽处窄，但也要留有足够空间，让我们闻到酒的香气。

相知相伴葡萄酒

Entender De Vino

图 10-5　力多酒杯

● 杯柄应当细而长，让手指容易握住。记住手的温度有 36℃，比葡萄酒理想温度高两倍多。

如果在餐厅，请不要使用不合要求的酒杯。如果是包办酒席，也应坚持；一些人仍在错误地使用不恰当的酒杯。

图 10-5 中展示的力多酒杯为不同酒款和产区提供了特殊设计，极大地推动了侍酒业的革新。1999 年，我建议乔治·力多创造两种用于西班牙优质陈年红葡萄酒的酒杯。经过力多家族和西班牙顶级品酒师几个月的努力，"力多侍酒师珍藏红葡萄酒" 酒杯和 "里奥哈丹魄" 酒杯诞生了，图 10-6 即为其中一款。

图 10-6 特殊设计的一款力多酒杯

可行建议

● 家庭和餐厅酒杯，经常不够干净或残留清洗剂。不要使用擦拭餐具的抹布来擦酒杯，要使用专用抹布，同时注意不要使用"护丽洗涤剂"或其他柔软剂。擦干后，将杯子立放在桌子上，或倒挂在沥干器上，注意不要盖住杯口。

在将酒杯放在桌上前，先闻一下是否残留清洁剂、柔软剂或其他异味，一定要等它变凉再用（因为酒杯从洗碗机中拿出来是热的）。

● 市面上有很多种酒杯符合以上要求。传统葡萄产区创造的经典款有很多，最好的有以下几种。

（1）使用最多、最典型的是波尔多酒杯。通常人们只买一种，用它喝白葡萄酒、红葡萄酒或者水，尽管这种做法并不标准。如果我们没有其他酒杯，或喜欢简单些，用它来盛雪莉酒、波特酒、甚至是香槟和起泡酒，都是不错的选择。

（2）如果是强化型葡萄酒（雪莉酒、波特酒、马拉加葡萄酒或马德拉酒），最经典的是雪莉酒的"品酒杯"，正如起泡酒最理想的是"笛型"香槟杯一样；把父母和祖父母使用的那种敞口杯藏起来吧，或仅作装饰品。

（3）奥地利玻璃器皿制造商乔治·力多，来自波西米亚（欧洲生产精美玻璃器皿历史最为悠久的地区）这个有着百年制造传统的民族，在他的努力下，酒杯制造水平达到了令人叹为观止的水平。

力多和它的分公司——Spiegelau公司，为各种葡萄品种和著名产区打造专属酒杯，使每种葡萄酒最大限度提升香气与味道。

正如知名酒评家Robert Parker所说，没有试过的人，肯定不相信酒杯对葡萄酒的作用如此之大，只有少数有经验的人才有同感。事实上，每个力多酒杯都是由"品酒工作室"设计，由选定产区或葡萄品种最好的酒庄庄主或品酒师参与制作。例如，几十个西班牙酒庄庄主、酿酒师、品酒师和专业记者参与了"Vinum 丹魄"和"侍酒师珍藏红葡萄酒"——第一次专门用于西班牙优质酒的酒杯——的设计，第一阶段以十几种现有的用于其他品种的酒杯为基础，然后第二阶段打造出 12 个模型。最终，这两种获得了大家一致认可。

可行建议

　　日常饮酒或水，可用做工精良、大小合适的玻璃杯——波尔多或"Vinum 丹魄"杯，那些很特别的杯子留着喝好酒。

酒瓶

酒瓶是所有葡萄酒的归宿，它必须符合特定要求，因为葡萄酒要在里面逐渐成熟。

自古以来——从古希腊到罗马帝国，从拜占庭到中世纪——人们已经使用过无数储酒工具——木桶、橡木桶、皮靴、陶器。15 世纪，玻璃瓶开始在欧洲兴起，但直到 18 世纪发现软木塞后，葡萄酒品质才因瓶陈得以极大提升。

酒瓶类型

图 10-7 展示了一些酒瓶样式。

（1）**波特酒瓶**。仅用于波特葡萄酒。这种瓶子玻璃很厚，通常为绿色

或深棕色。肩宽底阔，瓶颈略微鼓出，这样软木塞可在红酒成熟过程逐渐膨胀。

（2）**波尔多酒瓶**。波尔多地区传统类型，用于陈酿或非陈酿的白葡萄酒或红葡萄酒。圆柱形瓶身，瓶肩明显，瓶颈直而长。一般用于红葡萄酒的玻璃瓶颜色为绿色，从浅到深不同，用于桃红葡萄酒和白葡萄酒的瓶子有"枯叶"色、浅绿色和白色。波尔多酒必须使用这种瓶子，它的容积为750毫升。

（3）**勃艮第酒瓶**。在其原产地强制使用，用于黑比诺品种的红葡萄酒和霞多丽白葡萄酒。没有瓶肩，有的底部有一个凸起，用于积累沉淀物。用于装红葡萄酒的颜色通常为绿色，白葡萄酒则为"枯叶色"。容积为750毫升。

（4）**莱茵酒瓶**。通常用于莱茵河白葡萄酒、葡萄牙绿酒或很多其他国家雷司令或琼瑶浆品种的葡萄酒。

颜色为绿色或白色，瓶身部分为圆柱形，瓶肩线条柔和，瓶颈很长。

图 10-7 酒瓶样式

（5）**阿尔萨斯瓶**。也被称为"雷司令瓶"，起源于阿尔萨斯。容积为750毫升，与德国酒瓶类似，或略大一些。高而窄，没有瓶肩，颜色为"枯叶色"或淡绿色。

（6）**勤地酒瓶**。意大利经典酒瓶，形状和长颈大肚凉水瓶一样，仅用于普通葡萄酒，经典的做法是用稻草包裹。如今托斯卡纳所有的优质葡萄酒更多使用波尔多酒瓶。

（7）**香槟或起泡酒瓶**。源自法国香槟地区，在西班牙则用来装起泡酒。通常为深绿色，以起到避光作用，瓶身和瓶底很厚，瓶颈很宽，用以承受二氧化碳的压力。

葡萄酒液面降低

有时，当你打开一瓶酒，特别是陈年酒，你会发现酒液低于标准位置。这种减少是不同原因造成的，判断的标准如下。

木塞底部：正常高度。

瓶颈底部：如果是年轻葡萄酒，则说明有问题；如果是超过15年的红葡萄酒，则属于正常现象。

瓶肩之上：超过30年的红葡萄酒，属正常减少，不影响饮用。

瓶肩一半：有可能是软木塞出了问题，不建议饮用。

在瓶肩以下：可能是软木塞变质或酒已被氧化，不要饮用。

纸盒装葡萄酒

这是一种能保证葡萄酒正常储存的特殊卡纸或塑料包装，不透气、不透光，仅用于普通佐餐酒。出于形象考虑，优质葡萄酒一般使用传统玻璃瓶。

技术资料

玻璃颜色
玻璃颜色用来保护葡萄酒免受光照。一些认证原产地对其进行

相知相伴葡萄酒
Entender De Vino

了规范，法国一些地区要求葡萄酒生产商使用特定类型的酒瓶和颜色，如图10-8所示。

● 深绿色和墨绿色：所有红葡萄酒。如果为陈年红葡萄酒，最好使用非常深的颜色，几乎是不透明的。

● 深棕色或黑色：雪莉酒、波特酒和马德拉酒。

● 绿色或浅栗色（枯叶色）：所有白葡萄酒。

●无色：白葡萄酒和年轻桃红葡萄酒。

图 10-8　各色酒瓶

醒酒

关于醒酒的问题，如果让葡萄酒爱好者和专业人士讨论，可能几个小时都未必有定论。我们从赞成醒酒讲起，它的目的是去除沉淀物，并且／或在饮用之前倒入透明无色的玻璃瓶中透气。18世纪的英国，常饮的红葡萄酒如 Clarets（波尔多红葡萄酒）和波特酒，一般装在橡木桶里不经过滤就出口，饮用时难免有沉淀。如今的酿酒师也不再过滤葡萄酒，过滤虽然会使酒变得纯净，但也会让它失去个性，而且通过长时间桶陈，沉淀物已是少之又少。

支持醒酒的人认为，这可以让味道更怡人。实际上，绝大多数葡萄酒可直接饮用而无须醒酒。Emile Peynaud 先生在《葡萄酒味道》一书中，深入阐述了这个问题，得出的结论是：成熟或年代久远的葡萄酒，在用餐前2小时或更长时间醒酒，都会影响口味。

如果年轻的酒充分接触空气能使其口感更佳的话，那就有必要醒。我的看法是，如果是单宁丰富的适合长久存放的葡萄酒，那的确有必要。应在即将饮用之前醒酒：你将体验到，它的单宁变柔和了，而香气和味道不断浓郁。如果是年份波特或其他沉淀比较多的酒，也适合先醒酒。另外，要根据是普通容量还是大瓶装，准备一个或（最好）多个醒酒器。

如何醒酒

虽然醒酒传统不断被修改，但它其实很简单。

● 不要在酒窖中醒酒，应该在餐桌上或厨房里。

● 醒酒前，把酒瓶立着休息一会儿，避免晃动使沉渣泛起。如果是年代久远的酒，要在饮用之时再醒。

● 站在有光的地方，对着光或在可以观察到酒液的平台上操作。

● 开始醒酒后，不要中断，直到完成。

● 缓慢倒出，以便酒液充分接触空气。

● 醒酒器的容量应与酒瓶容量成正比。

程序如图 10-9 所示。

① ~ ② 轻轻拔掉软木塞，避免酒瓶剧烈晃动。

③ 在酒瓶后方或瓶颈下方放置光源用来照亮（光线充足的场所则不需要）。

④ 轻轻倾斜酒瓶，不要使沉淀物泛起，慢慢将葡萄酒倒入醒酒器，直到沉淀物开始在瓶底移动。慢慢来，不要着急，也不要停顿。注意酒瓶后部沉淀物的变化。

在沉淀物流到瓶口前，完成醒酒。倒入醒酒器中的酒，应当清澈明亮，沉淀物应当保留在酒瓶中。

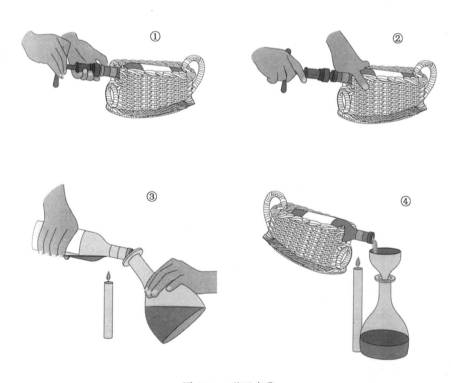

图 10-9　醒酒步骤

技术资料

醒酒器

● 醒酒器容量一般应与普通酒瓶相同，即 0.75L，但也有和大瓶装 1.5L 或 3L 装相对应的。

● 醒酒器应当由细致的透明玻璃制成，便于欣赏葡萄酒的颜色，且易清洗，如图 10-10 所示。

● 瓶颈要长，方便醒酒，瓶塞应合适。

● 未经事先品尝，应避免将两瓶相同的普通装葡萄酒倒入大醒酒器中，因为口味可能不同。

● 清洗醒酒器的步骤同酒杯。

图 10-10　醒酒器

餐桌礼仪

如果您好不容易买到或在酒窖储存了一瓶或几瓶好酒，那么一定要让

它在餐桌上有完美表现。开始时，酒瓶要放在用餐的主桌上（有一种银质或木质的圆形垫子）或主桌边上并排放置的架子上。需要醒酒的话，要把空酒瓶及瓶塞放在醒酒器边上。

任何情况下，在斟酒前或正在斟酒时，都不要用餐巾或布裹住酒瓶：要把它展示给所有客人，以使当他们想看时，可以看到酒标和背标。为避免葡萄酒滴落在白色桌布上，可在葡萄酒瓶颈上插入一个合适的止酒片，或在倒完之后轻轻旋转瓶口。

最好是每位客人都有一套杯子，来品尝每种不同的葡萄酒。在客人品尝之前，主人或懂酒的人（某一人或在人多的情况下，某几人一起）应先用干净杯子品尝。记住，如果是红葡萄酒或白葡萄酒，不要倒满杯子的1/3，其他不要超过一半。

水应当盛在普通水杯或比葡萄酒杯小的高脚杯里，放在酒杯右边，斟酒时应从最右边杯子开始❶。

晚间时，灯光应柔和（蜡烛是最佳选择），但也要亮到可以看清葡萄酒的澄清度、颜色及菜品。

关于品酒顺序，可参照《葡萄酒与佳肴》一章，主要是从淡到浓：从清淡葡萄酒(尽管年份久远)到结构感很强的葡萄酒，从强化葡萄酒到甜酒，有时考虑到与菜品的搭配，也可以把质量最好、口味最独特的酒放在最后。

上酒前，请中断大家的谈话，描述每款酒的产地、品种和年份，还可描述配菜原因。这可能让你觉得有些卖弄，但大部分人会很感兴趣，而且愿意谈论葡萄酒和配菜。你投入了时间和精力的好酒，不要让它被忽略——这种事时有发生，令人失望。

有一则轶事，很多年前发生在法国财政部长与他的西班牙同僚之间。在看到西班牙友人非但没有对搭配鹅肝酱的伊干酒庄的美酒作出任何评

❶ 不同国家可能不同。

论，反而一边聊着西班牙经济前景，一边二话不说地打开一瓶奥比昂酒庄的酒，这位法国人皱起眉头，打断了西班牙人滔滔不绝的言论，指责道："部长先生，在品尝这么好的美酒时，为什么不停下来欣赏一下酒的颜色、香气和味道呢？最起码应该说两句您的看法吧！"可想而知，这次聚餐完全没能达到预期的政治目的。

可行建议

基本礼仪

● 向客人展示酒瓶，让他们看到正标和背标。

● 如果要醒酒，应在客人到来之前打开酒瓶。请记住推荐的品酒顺序：强化酒、起泡酒、年轻酒在陈年酒或适合久存的葡萄酒之前，强化酒在甜酒之前。

● 主人或主人指定的人应提前品尝。

● 总是从右边斟酒，轻轻倒，至少空出一半酒杯。

● 绝不要将瓶颈靠在酒杯边缘。

● 得到客人允许方可斟酒。

● 第一杯酒或是很名贵的酒，一定记得干杯。最普通的祝酒辞是：干杯，Prost（德语）、Cheers（英语）、Sante（法语）和 Salute（意大利语），当然给某人敬酒时，也最好说出特别的理由。

第11章 品 酒

　　品酒是葡萄酒酿制和销售过程中必不可少的专业环节，也是葡萄酒爱好者值得一试的体验。成功的酿酒师或酒庄主会花费很多工夫用来品尝，从葡萄采摘季开始品尝葡萄，之后品尝尚未发酵的葡萄汁、酿造和陈酿过程中的葡萄酒，最后还要在诸多会议上与客户或酒评家一道品尝装瓶的葡萄酒。

　　尽管葡萄酒入口有各种味道，品酒的最终目的就是将各种味道区分开来进行分析、整理、诠释并表达出来。对于爱好者，品酒就这样变成了一次丰富的体验，它能调动你的各种官感，让你尽情享受无穷无尽的葡萄酒品种，并有机会置身未知的领域，或冒险将最喜爱的酒拿去与其他酒比较，总能得到启示。

　　如果我们想在家里或其他地方与朋友一起品酒，有以下几种选择：最常见的是水平品酒，就是将年份相同或相近的不同葡萄酒摆在一起，让标签和软木塞清晰可见，要对每瓶酒进行简单介绍，包括酒庄或酿酒师的名字、葡萄品种、酿造方法、原产地、年份，以及杂志、书籍或专家点评和美食推荐等。

　　此外还有垂直品酒，如果某种酒值得用心研究，可品尝它的不同年份，来体会其口味怎样随着时间推移而变化。

　　最后是盲品。用纸将酒瓶包裹起来（提前去掉软木塞和瓶帽以免泄露信息）。品尝者应尽量说出每种酒的信息，如葡萄种类、制作工艺、产区、酒庄、年份等。为此可以两人一组或几人一组分坐在不同桌上。品酒结束，亮出酒瓶，人们会有不同反应：猜中的人继续思考，猜错的"专家们"唏嘘不已。的确，盲品让我们领略到葡萄酒世界是那么地纷繁复杂、难以认识，面对它，我们要时刻保持谦恭。

　　品酒的地方应具备较好的自然光，如果是人工照明，最好是白光，不能有任何噪声或异味。品酒最好坐着进行，每人应准备一套杯具，容量不能小于 250mL。

　　每位品酒者面前都应放一张白纸，画上几个圆，标明数字，品酒者可根据品尝顺序依次将酒杯放在相应位置，以免混淆。

　　品酒的酒杯应符合上一章的要求：精细玻璃或水晶杯，无色，圆顶形，容量足够大；如有两种尺寸，可用大的品尝陈年葡萄酒，用小的品尝白葡萄酒或桃红酒。

　　不要使用经典雪莉酒杯（它的容量太小，无法充分晃动酒液来让它跟空气充分接触，因而略显过时），要保证酒杯干净、冰凉，无清洁剂味。

建议

酒杯的清洗

　　为避免残留清洁剂味，清洗后应将酒杯口朝上擦干，然后口朝下悬挂晾干。

技术信息

可能会影响品酒的因素

- 香水：品酒前，不要使用过多香水。
- 香烟：不要吸烟，香烟会影响味觉和嗅觉；一口烟就能干扰其他品酒者的感觉。
- 品酒忌食巧克力和口香糖：品酒前，不要单独或同时食用这两样食品。通常要在午餐或晚餐未进主食、空腹状态下品酒。建议在品酒前及品酒时饮水。

当品酒人数较多或酒款较多，没有足够酒杯和桌子时，最好在入口处放一张桌子，摆上酒杯，这样每位品酒者都可以拿起酒杯，站在桌子周围，逐一品尝每款酒。每张桌上必须放一个容器，用于收集尝后吐出的酒。品酒过程中不需要清洗酒杯：除非第一种酒有问题，这时可用酒而不是水涮杯。

任何类型的品酒，推荐顺序都应是从年轻、清淡酒开始，如未经陈酿的白葡萄酒和粉红酒，接下来是较强劲或年份久远的，最后是味道最浓的酒和甜酒。

最重要的是确保每种酒的侍酒温度符合要求。

尽管很多爱酒者（尤其是女性）拒绝将品尝过的酒吐出来，但要提醒的是，这是专业人士很普遍的做法，理由很简单：把酒咽下去不会对品酒有所帮助，而且摄入的酒精会渐渐影响我们的感官分析能力。为此，建议在桌上放置小桶供客人吐酒。每个酒杯内应倒入 40mL 或 50mL 酒（大一点的酒杯大约为 3cm 深），这样每瓶酒大约可供 15 人或更多人品尝。

品酒者应具备的素质

品酒者应具备正常的感官能力，有较浓厚的好奇心和兴趣，使自己全神贯注于品酒过程。应具备基本的葡萄酒知识；懂得用比喻性的词语（金色、草莓、香烟等）来描述色泽、香气和味道。

品酒结束时，要描述品尝结果，所以有必要学习一些葡萄酒词汇，以便理解别人的评论，表达自己的感受。

品酒过程的各阶段

————————————●————————————

　　我们先对品酒的生理学基础做一简介。在我们的神经组织中，感觉神经元将感官捕捉到的外界刺激传递给大脑。品酒时，葡萄酒引起我们的视觉、嗅觉和味觉刺激。同时还产生触觉刺激：嘴唇、舌头和腭内部的触觉灵敏度比手指高两倍多。身体的感觉，如葡萄酒的涩味、平滑和饱满的感觉、酒精产生的感觉、柔滑或口中的温度等，都是触觉刺激，它们通过与味觉不同的途径到达我们的大脑。

　　品酒包括不同阶段，每个阶段都与感官捕捉到的不同的感觉刺激相关。各阶段都会对葡萄酒的某个具体方面进行分析，并通过感觉器官的仔细体味，得出结论。

视觉阶段

————————————●————————————

　　第一阶段主要进行视觉检查：通过查看，品酒者观察这款酒是否存在质量问题，并通过随后的嗅觉和味觉体验进行确认。

　　首先，我们要观察酒液的清澈度，将酒杯举至眼睛的高度，通过光线进行观察。如果酒液不透明，说明它不够稳定，品质必然受影响。

　　接下来，我们倾斜酒杯，在白色桌布或纸张衬托下，仔细观察葡萄酒及酒液边缘的颜色，它既能反映葡萄酒的质量，也能告诉我们酒的年龄、陈酿状态和储存情况。

起泡酒则要注意观察气泡大小（越小越好）和连续性。很多葡萄酒，如果我们在杯中晃动，就能观察到杯壁上挂满"酒泪"。很长一个时期甚至是今天，我们仍将它看作葡萄酒品质的象征——反映出葡萄酒中甘油的含量。一个半世纪前，美国人 James Thompson 给出了正确解释：这是由酒精产生的现象；酒精比水表面张力高，更容易附着在杯壁上，但同时它挥发也更快。当酒精挥发时，留在杯壁上的水表面张力不断增大，从而形成了眼泪的形状。因此，酒精含量越多，"酒泪"越多，但这并不意味着质量越好。

另一个重要特点就是光泽：色泽比较沉闷的酒很可能存在质量问题。光泽与酸度成正比。最重要的是要看颜色，也被定义为 capa。首先来看酒的类型：强化葡萄酒有菲诺、奥拉罗索、佩德罗希梅内斯、茶色波特、宝石波特和年份波特等；所谓平静型的葡萄酒有白葡萄酒、甜型葡萄酒、桃红葡萄酒、淡红葡萄酒或红葡萄酒；起泡酒有白色和桃红色。

葡萄酒的颜色

强化型（GS）：赫雷斯和蒙蒂亚强化葡萄酒的颜色，从曼扎尼拉和菲诺的浅金黄色（菲诺颜色较深），到蒙蒂亚的红褐色，再到奥拉罗索的胡桃木色。波尔图的茶色波特呈现出糖果的色泽，而年份波特则呈现出与适合久藏的红葡萄酒一样的红宝石色。

起泡葡萄酒（E）：除了桃红酒，颜色都很淡；香槟颜色会深一些，从白中白（百分百霞多丽酿制）到年份香槟酒，都会呈现浅金黄色。

未经陈酿的白葡萄酒（BS）：西班牙白葡萄品种（艾伦、维尤拉、马卡贝奥、阿尔巴利诺、韦尔德贺）酿制的白葡萄酒通常呈现浅黄色，偶尔也有绿色晕彩。法国长相思和德国雷司令酿造的年轻白葡萄酒亦是如此。而维奥涅或赛美容等品种酿出的酒颜色更深。

陈酿白葡萄酒（BC）：陈酿使白葡萄酒呈现黄色或金色。

粉红酒/桃红酒（RC）：歌海娜酿制的桃红酒，通常呈现出三文鱼甚至是草莓颜色，而丹魄、赤霞珠、西拉或品丽珠颜色更深，从草莓色到血红色。年轻红葡萄酒（TJ）经常呈现石榴红。颜色最深暗的是年份久远的陈年酒（TG）。

甜葡萄酒（D）：甜酒色泽丰富，从托斯卡纳的文萨托的浅红褐色到佩德罗希梅内斯的咖啡色，其中还有纳瓦拉或阿里坎特麝香葡萄酒的淡金色，索坦贵腐酒或托凯伊则呈现出漂亮的金色，并随时间流逝变成琥珀色。

视觉观察发现的问题：

● 黄褐色：酒被氧化的典型表现；

● 颜色过紫：通常是年轻粗犷的红葡萄酒，细腻不足；

● 颜色过绿：用成熟度不足的葡萄酒酿制的年轻白葡萄酒会呈现这样的颜色。

通常，如果陈年酒颜色不够深——与葡萄的品种和产地有关——则不值得储存，因为颜色不够深意味着其单宁结构不足，不能长时间保存。

酒的颜色能揭示它的品质。例如，将杜埃罗河岸的丹魄与里奥哈的进行对比，就能从颜色看出它的年龄、单宁含量，甚至是葡萄品种和种植产区。

葡萄酒的质量问题通常会体现在颜色上。比方说，如果酒色偏棕褐色，无论是白葡萄酒还是红葡萄酒，毫无疑问都是氧化的征兆。

相知相伴葡萄酒

Entender De Vino

看颜色、闻味道时如何握杯

　　为了更好地观察色泽，要握住杯柄倾斜，并在白色桌布或纸张衬托下，对比不同酒的颜色。还要注意观察酒的边缘或弯月面，因为它能揭示酒的年龄，尤其是红酒；成熟后，酒的边缘会逐渐由红色或深石榴红色变为橙色。握住酒杯底座或杯柄用力晃动，以释放香气。

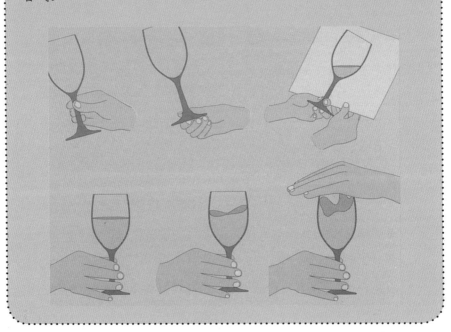

嗅觉阶段

　　第二阶段主要是嗅觉分析。酒杯的尺寸和合理的设计尤为重要。快速晃动酒杯数次，使酒液尽量沾满杯子内壁，但不能溢出。

晃杯时将杯子放在桌上，可防止溢出，直至再次出现"酒泪"。把鼻子伸进酒杯（而不是酒里）立即验证，你会发现此时的香气更加浓烈。

用嗅觉进行分析和分类，是品酒过程中非常复杂、重要的环节。开始时，我们必须区分年轻葡萄酒本身的芳香与"Bouquet"的芳香。Bouquet 在法语中有"花束"的意思，这里用来比喻瓶陈后的葡萄酒所蕴含的复杂香气。

首先，应辨别"初香"，它是葡萄种植过程中的葡萄品种决定的。显然，它是葡萄酒主要的果香味，而且尤为重要；它的强烈与细腻程度随着葡萄品种、酒庄及酿造方法的不同而不同。

"第二香气"则源于发酵过程。在糖转化成酒精和二氧化碳的过程中，酵母菌产生一系列附加物，它们会影响葡萄酒的香气和味道。葡萄含糖量越高，成熟度越高，这些物质也就越丰富。我们有时会在没有澄清过的葡萄酒，尤其是白葡萄酒中嗅到酵母，它往往呈现出小麦、面包或苹果酱的味道。总之，好酒的"第二香气"应该比"初香"即果香次要，而且与之明显区分。

葡萄酒开始酿制后的第一个夏天，便渐渐开始有了醇香，有些被称为"第三香气"。尤其是水果味浓、单宁结构强大的陈年白葡萄酒或红葡萄酒，更容易产生第三香气。由于这些酒通常会在橡木桶内进行或长或短的桶陈，一般也会出现橡木的香气。优质陈年红酒为获得细腻的醇香，一般都使用全新或半新橡木桶进行陈酿，且陈酿时间不宜过长，避免葡萄酒中橡木味过重。从这个意义来讲，那些认为旧橡木桶——通常称为"木桶"——更好的观点是非常错误的；与波尔多或勃艮第不同，西班牙一些葡萄酒产地如杜埃罗河岸或里奥哈的惯例，是陈酿过程尽可能短，而且不在意橡木桶的新旧程度或质量，这也是不正确的。

附上 Emile Peynaud 教授著名论文《葡萄酒的味道》里的一张清单，

它列举了很多种葡萄酒可能有的香气；运用我们的想象力，可能还可以添加新的气味儿。

从品酒师的描述和文字中收集的气味

动物系列

琥珀、鹿、皮毛、湿漉漉的狗、麝香、麝香的、汗水、皮脂、老鼠或猫的尿、肉、肉味的、腌制的、浸泡的、肮脏的潮汐的味道

香脂系列

杜松油、松树、树脂、熏香、香草

木头的香气系列

绿色植物、老木头、洋槐木、橡木、雪松、檀香、铅笔、清漆、雪茄盒、桶板、树皮、白兰地或阿马尼亚克酒的木质香气

化学系列

醋酸、酒精、碳酸、石油、硫化的、硫化物、赛璐珞、硬橡胶、药用的、药物学的、杀菌剂、碘、氯、石墨

香料系列

茴芹、八角、熟羊皮、茴香、蘑菇、琼脂、鸡油菌、牛肝菌、鬃、块菌、桂皮、姜、干石竹花苞、胡桃、肉豆蔻、黑胡椒、青胡椒、紫苏、薄荷、万里香、甘草、大蒜、洋葱、薰衣草、马郁兰、牛至、尤加利、樟脑、苦艾酒

烟熏系列

香烟的烟、熏制的、腐殖质、熏香、烧制、烤制、糖果、烤制杏仁糖、烤面包、烧制的石头、燧石、硅石、板岩、火药、烧过的木头、大火的气味、橡胶、皮毛、焙炒咖啡、可可、巧克力

乙醚系列（发酵的味道）

丙酮、香蕉、酸味糖果、英国糖果、指甲油、乙醚、香皂、皂性的、蜡烛、蜡、酵母菌、发面团、小麦、啤酒、苹果酒、酸牛奶、乳制品、奶店、奶酪店、黄油、酸奶、酸菜、粗麻布、谷仓

花香系列

相思花、巴旦杏树、甜橙树、苹果树、桃树、带刺灌木、金银花、风信子、水仙花、茉莉花、天竺葵、金雀花、薰衣草、迷迭香、百里香、洋玉兰、蜂蜜、牡丹、玫瑰、母菊、椴树花、薄荷、百合、三色堇、菊花、干石竹花苞、麝香石竹花

水果系列（有水果的味道）

葡萄干、科林多葡萄干、蜜饯的、腌制的、樱桃、酸樱桃、大樱桃、野樱桃、樱桃酒、樱桃白酒、洋李、洋李干、黑刺李果实、杏仁、苦杏仁、开心果、野生浆果、番石榴、蓝梅、树莓、黑莓、醋栗、杏、木瓜、桃、梨、黄苹果、莱茵特苹果、西瓜、柠檬、橙子、柚子、菠萝、香蕉、干无花果、石榴、胡桃、榛子、青橄榄、黑橄榄

植物系列

草、牧草、干草、草原的香气（绿叶、葡萄藤叶、醋栗叶、枯叶、月桂树、柳树、干叶子）、常春藤、西洋菜、大白菜、萝卜、蕨类植物、绿色咖啡、茶叶或烟叶、腐殖质、杂草、沼泽、苔藓

遗憾的是并不是所有的味道都是好的。为此，我列举一些不好的气味及其产生原因，见表 11-1。

表 11-1　　　　　　　　不好的气味及其原因

气　味	原　因
硫	硫过量
蜜饯、烤苹果	氧化了的酒

相知相伴葡萄酒

Entender De Vino

续表

气　味	原　因
瓶塞	瓶塞异常
溶剂、清漆	醋酸乙酯
臭鸡蛋	硫化物还原
霉菌	旧桶或脏桶
黄油、乳品香味	细菌转化
醋	挥发性酸

味觉阶段

　　最后，开始味觉阶段，喝一小口葡萄酒在嘴里。晃动酒液，浸润整个舌头，尤其是边缘部分。

　　解释味觉的工作机制，首先需要知道，获取味觉的唯一工具是乳突，大概有 150 ~ 400 个，分布在舌头的前端、两侧以及内部。

　　酸、甜、苦、咸四种基本味道的味觉分布，如图 11-1 所示❶。

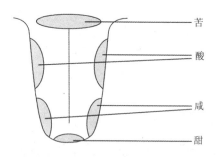

图 11-1　味觉分布

❶ 译者注：目前已被证明不准确。

葡萄酒的甜味来自酒精和残留的糖（干红葡萄酒，总有一部分糖未被酵母菌分解）。

酸味来自葡萄所含有机酸（酒石酸、苹果酸、柠檬酸）以及酒精发酵产生的三种酸（乳酸、琥珀酸、醋酸）。

咸味通常来自葡萄藤从泥土中吸收的矿物盐。

苦味主要是由多酚和单宁产生的，正如我们所见，红葡萄酒中的含量远大于白葡萄酒，而且正如《葡萄酒与健康》一章所述，正是它们使得葡萄酒对健康产生积极作用。除了苦味，一部分单宁（多聚体）使得陈年酒有涩味，它可以描述为我们口中粗糙、干燥的感觉。

除了以上基本味道外，好葡萄酒复杂的芳香和味道还包含很多其他元素。它们来自泥土中不同矿物质（铁、锌、镁等）、橡木、以及其他800多种成分。因此，要勇敢地把它们表达出来，尽管你的品酒伙伴可能会微笑着质疑——只有味觉尤其是垂体非常敏感或者集中、分析能力非常强的人，才能品尝出这些特殊的味道。

另一个重要问题是各种味道的均衡。例如，酸味属于比较新鲜的口感，比较适合弥补酒精和糖分产生的甜味；而且甜味可以平衡咸味及单宁的苦涩。在所有味道中，最突出的应该是果香味，它代表葡萄品种的特点。至于矿物质味道和橡木味，就像烹饪中的香料，用来增加口感的复杂性。各种味道均衡，才能给品酒带来最大限度的愉悦。

需要说明，最后残留在口中的味道，是一个有限的混合体，因为口腔后部与鼻腔和唾液腺相连，它们负责捕捉气味。于是，在味觉阶段，我们又明显感受到了嗅觉阶段提到的各种气味。

在味觉阶段，所有葡萄酒——尤其陈年酒——呈现给我们的是感官体验：酒体，也就是充满我们口腔的程度，它与香气和味道浓烈有关；滑腻度，最好的例子是甜酒，如索坦或佩德罗希梅内斯；柔顺或没有棱角，是高品

质葡萄酒的特点，有利于桶陈，使口感更加圆润；当然也包括不佳的口味。

实用建议

尽管你旁边的人可能要皱眉，但你含着葡萄酒时，一定要吸一口气：晃动酒液，让它产生气泡，发出类似水开了的声音。尽管这在礼仪手册上是绝对禁止的，但它能让你体会从口腔到鼻腔的香气，这是大部分饮酒者体会不到的，因为他们不会先闻味道，而是直接喝。品后一定把酒吐掉。

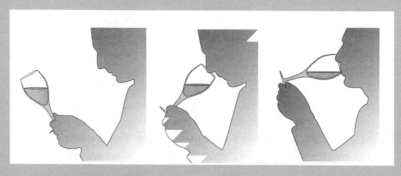

如何在品酒中获得经验

- 尽可能多地品尝不同质量、风格的酒。

- 比较类似的酒，它们可能只有一点不同，例如酿造风格。

- 使用一种方法品尝所有的酒。

- 扩展您的词汇量，尽量符合传统的定义标准。

- 在开放式品酒中达到一定水平后再进行盲品。

品酒表

在品酒的每个阶段记录下你的各种感受不仅非常有必要，而且有趣又实用。按照 10、20 或 100 进行打分，再将自己的评论或分数与其他品酒者进行比较。

所附由"国际葡萄园和葡萄酒组织"（OIV）制定的品酒表样本，整理出各个阶段的评价，来给葡萄酒一个最终的分数。

《Sibaritas》杂志主编 José Peñín 对里奥哈年轻葡萄酒的描述如下：

鲜艳的樱桃色、暗红色或栗色，带有紫罗兰的色泽。气味清新、强劲，果香味浓，富于变化，带有黑莓、红醋栗及一丝丝花香、奶香和大料的味道。结构感强，酒体适中，香气芬芳，单宁酸甜可口，回味无穷。

鲜艳的樱桃色、暗红色或栗色。成熟的葡萄皮长时间浸泡的典型颜色，色泽鲜亮归功于酸度适中。

带有紫罗兰的色泽。杯内酒液边缘的颜色；紫色代表年轻。

气味多样、清新、强劲并散发果香。清新源于葡萄酒的芳香、年轻；强劲是年轻葡萄酒的典型特征；果香是持久的葡萄的味道，多样是由于葡萄种类，这里指丹魄。

有黑莓、葡萄干的味道。这是与上等葡萄所具备的森林水果的香气和味道进行比较。

花香、奶香和大料味道。花香是细腻的葡萄汁散发的美妙味道；淡淡的奶香产生于苹乳发酵（稍微刺激的苹果酸转化成柔和的乳酸，这是红酒生产必然要经历的过程）；大料的味道是上好的葡萄皮产生的细腻的草本

207

味道。

结构感强，酒体适中。 用来即时消费的年轻红酒的酒体应较小或适中。

果香味，味道浓郁，香气芬芳。 有着红色水果和成熟葡萄的香味；味道浓郁是酸度与甜度在酒体中的结合；香气芬芳则指气味很强。

单宁成熟，酸甜可口。 单宁（有点粗糙）既不干燥，也不是草本的，因为采摘的是完全成熟的葡萄。味道很好（甜）。酸度毫不过度，恰好与单宁和酒的结构均衡。

回味无穷。 当嘴里已经没有葡萄酒，我们仍能在好几秒的时间内感觉到它的余香。

José Peñín 对里奥哈陈酿葡萄酒描述则如下：

深樱桃色，边缘或弯月面橙色。成熟的黑色果实的芳香（黑莓和洋李蜜饯），清新，有尚未榫接的新木头的味道（烧烤过的，丛林，烘烤）。果香，酒体适中，单宁细腻清晰，有鼻腔果香和最后的芬芳；可保存很长时间。

深樱桃色，边缘或弯月面橙色。 我们还记得樱桃色，这里指深樱桃色。边缘就是我们倾斜酒杯时酒的边缘。只有瓶陈多年的葡萄酒的边缘才是橙色。

成熟的黑色水果的芳香（黑莓和洋李蜜饯）。有水果酱中野生水果的味道，它的糖分提升了芳香的浓度和甜味。

有尚未榫接的新木头的味道（烧烤过的，丛林，烘烤）。 清新是葡萄酒仍旧年轻的表现，但是增加了烤过的新木头的味道（根据酒窖主的要求制桶人多多少少烘烤过桶的内侧）。

烘烤过的咖啡味（焦糖咖啡豆）正是烘烤加了一丝甜味。丛林的味道是干树叶和刚砍伐的树木混合的味道。果香和木头味道明显区分：之后的瓶陈使二者更加和谐。

有果香，酒体适中。入口后第一感觉就是（也应该是）成熟水果味；之后才是桶陈的味道。酒体适中是里奥哈佳酿的典型特征。

单宁细腻清晰。果香味散尽，单宁的味道便扑鼻而来。由于使用的是成熟葡萄，单宁味清晰且柔和。

有鼻腔果香和最后的芬芳；可以保存很长时间。含着一小口葡萄酒呼吸一下，鼻腔便会充满果香。通常"初香"或果香比较明显，因为它的分子更不稳定。最后的芬芳便是上等单宁的味道，它的大量存在预示着葡萄酒的寿命很长。

高品质葡萄酒

本书中反复提及了高品质葡萄。根据定义，很难像形容艺术品、音乐作品或餐馆那样用形容词"伟大"来形容葡萄酒。列举一些对葡萄酒的描述之词，但依我之见，它们仅适用"伟大"的葡萄酒。

颜色。正如顶级食品一样，高品质酒的颜色准确体现它的内涵和质量。用完全成熟的葡萄酿制的酒，能最大限度体现每个品种独特的色泽。

浓度／持久性。高品质酒往往香气四溢，味道浓郁。和普通酒相比，高品质酒开瓶之后，香气要过一会才能散开，之后逐渐达到最佳状态，但醒过或在足够大的杯中晃动，它的香气会迅速弥漫开来。在口中仍非常明显：咽下或吐出后，酒香还会持续很久，这也是高品质酒的关键特征之一。如此浓郁的好酒，用餐时喝掉的应该比其他酒少。

均衡。人类所有伟大作品的基石，水果、单宁、橡木和酒精之间的均衡是高品质酒又一基本特征。

力量／细腻。这两个特征通常是矛盾的，仅在高品质酒中才能共存，在口中优雅与持久将巧妙结合。

个性。所有高品质酒的一个基本特征就是个性鲜明；单一葡萄园酿制的酒往往质量极佳。

复杂性。普通葡萄酒的香气和味道通常比较单一，呈线性，与之相比，高品质酒无一例外具备复杂的特点，它充满着各种滋味，需要我们下功夫慢慢品味。

矿物性。绝大部分高品质葡萄酒属于单一葡萄园级。这些酒要做到"伟大"，必须传递出土地特有的香气和味道，尤其是那些多石灰石、板岩、花岗岩、火山岩等乱石的土地。

协同效应。毫无疑问，当选择了恰当的、与之相配的菜肴之后，高品质酒能创造出餐桌上令人难忘的和谐，也就是协同效应——二者的结合比单独享用其中之一的乐趣都大。

有一种品酒方式能让我们了解葡萄酒与食物之间的相互作用。在桌上菜品旁摆放两瓶不同的葡萄酒（最好是颜色和风格相同，但品种和产地不同）。品尝时，对每种酒和同一菜品的搭配打分。

陈年能力。我们已经知道，只有使葡萄酒更完美的陈年，才是有意义的。世界上很多顶级酒都有这个难得的特性——可能 100 种葡萄酒里仅有一两种——只要在适宜条件下保存，就会随时间流逝而变得更加完美。之前提到的垂直品尝，就能检验一种酒随时间变化而变化的情况。

表 11-2 和表 11-3 是对于平静型葡萄酒和起泡酒的感官分析表。

表 11-2　　　　　　　　感官分析表：平静型葡萄酒

样品编号 _____　　　　　　　日 期 _____

		极好	非常好	良好	一般	不足	备 注
视觉	清澈度	5	4	3	2	1	
	颜色	10	8	6	4	2	
嗅觉	浓度	8	7	6	4	2	
	平衡性	6	5	4	3	2	
	质量	16	14	12	10	8	
味觉	浓度	8	7	6	4	2	
	平衡性	6	5	4	3	2	
	质量	22	19	16	13	10	
	持久性	8	7	6	5	4	
和谐性 / 总体评价		11	10	9	8	7	

表 11-3　　　　　　　　感官分析表：起泡酒

样品编号 _____　　　　　　　日 期 _____

		极好	非常好	良好	一般	不足	分 析
视觉	清澈度	5	4	3	2	1	
	颜色	10	8	6	4	2	
		10	8	6	4	2	
嗅觉	浓度	7	6	5	4	3	
	优雅性	7	6	5	4	3	
	质量	14	12	10	8	6	
味觉	浓度	7	8	5	4	3	
	优雅性	7	8	5	4	3	
	质量	14	12	10	8	6	
	持久性	7	6	5	4	3	
和谐性 / 总体评价		12	11	10	9	8	

第12章　在餐厅里

一个人是否真正了解葡萄酒文化，可以从他在高级餐厅里的行为举止中看出。商谈重要事情，或追求生命中的女神——或王子——时，轻松自如地选酒，优雅地品尝，绝对能为你加分。

酒 单

一些餐厅为客人提供的酒单，封面仍是某个大酒庄的宣传册——这种做法非常不好，企图卖出更多的酒店"推荐"酒款，不但影响其他酒的销量，还会左右客人的选择。这时，你应该蹙眉向服务生或侍酒师表达你的惊讶，然后选择另外一个酒庄的产品。

还有些餐厅会提供一份长长的酒单，包括各种品牌和年份。除非这是一家大餐厅，老板很懂酒，否则你会发现，某瓶年代久远、曾红极一时的好酒已售罄。

对绝大多数餐厅而言，一份菜单和一份及时更新的简短酒单（它们最好是手写的，电脑制作的也可以，还要附上扫描的酒标图片）就能给人愉悦的美食体验。一份制作精良的酒单能为客人提供所有感兴趣的信息：品牌、产区、年份，甚至是葡萄品种和酿造工艺。

通常侍者先拿来菜单。你应该立即向他要一份酒单：为了使葡萄酒更好地搭配菜品，必须同时浏览菜单和酒单。如果餐厅提供"饭店特选红酒或白酒"，你可以当开胃酒品尝：它的质量会如实反映餐厅的葡萄酒鉴赏水平。

但是不建议——除非情况特殊，遇到了很难找到的酒（某些限量版名贵酒款）或你很有钱——选择价位很高的酒款（超过1000欧元）。要注意，你支付的酒钱是你在家里的至少两倍。

　　侍酒师的出现通常让人很开心，除非有些时候——特别是在法国——碰到自命不凡、甚至愚昧无知的家伙。在 21 世纪的美食大国，一大批精通葡萄酒知识的年轻侍酒师引领了时尚，他们对餐厅酒单、侍酒服务和葡萄酒文化的推广产生了巨大影响。

图 12-1　佳肴配佳酿

　　有了菜单和酒单，可以两种方式开始：普遍接受的做法是先选菜，再选酒。但如果发现有喜欢的酒，反过来会更好。餐厅老板、服务生或侍酒师在搭配菜品方面有很多灵感，一定可以为你喜欢的酒推荐很合适的菜品。

　　选酒时，既不能勉强，也不能局限在自己熟悉的区域。与餐厅老板、服务生或侍酒师聊天，往往会令你的餐点和酒款更加丰富多彩。

　　如果几个人吃饭，除非每人点的相同，否则一种酒恐怕很难搭配所有

的菜品。通常，一瓶白葡萄酒和一瓶红葡萄酒是必不可少的；如果有人喜欢用白葡萄酒搭配第二道菜，那就继续。另一个好建议就是（如果用餐的是4人或更多）点大瓶装红葡萄酒，因此如果酒单上有大瓶装的话，千万别犹豫。

从这个角度看，西班牙餐厅和红酒吧开始论杯出售，真是一件大好事，有些国家的餐厅从很多年前就开始采用这种方式了，用餐者可以根据所点菜肴选择一杯或几杯名贵酒款。这样，我们就可以在餐厅品尝价格不菲的酒，而无须落得囊中羞涩。

侍　酒

判断一个餐厅的档次，最好是看它的侍酒水平：如何选择、存放及服务。大致观察一下餐厅大堂：如果发现葡萄酒就放在墙壁隔板、餐桌或餐厅，没有任何恒温设施，那就不要点陈年好酒，因为他们对酒一无所知。如果点5年以上的酒，一定记得问服务生是否有酒窖或酒柜；如果没有，就点年轻一点的。

仔细检查酒杯——如果是圆柱形，建议赶紧离开，换一家餐厅，或只点啤酒。看它的容量和玻璃的精细度，确定没有清洁剂的味道。如果水杯比酒杯还大，另外要一个得体的杯子。如果没有，餐厅档次便不言而喻；你只能用水杯喝葡萄酒，下次别再光顾这家了。

检查杯中酒的温度。极有可能端上来的白葡萄酒还是冰箱的温度，随即就被放入冰桶。让他们马上从冰块中取出来，几分钟后就能达到合适的温度。至于佳酿级葡萄酒，拿来时通常已经20多度了，尤其是在炎热的夏季。让他们立刻放进刚才那个冰桶里，等几分钟凉下来，再把它拿出来。

如果是年轻红酒，一定要醒酒。要求他们上酒之前打开瓶盖，你品尝时记得三个步骤：在光下检查酒的呈色，晃动酒杯以品鉴酒的颜色。如有问题，肯定能通过视觉（浑浊、变色、沉淀）或嗅觉发现，如果气味异常，一定是酒已被氧化，或瓶塞已发霉。这时应仔细检查瓶塞，真有问题的话，立即退货。餐厅的反应——尤其是比较贵的酒——也能说明问题：退掉的酒不应计入账单。

用餐期间，杯中酒不要超过酒杯容量的一半（如果是大酒杯，三分之一最理想），续杯或撤酒都要事先征得客人同意。每品尝一瓶新酒，都应用干净酒杯。品过之后，可继续使用之前的杯子（更严谨的做法是，同样的酒，每开一瓶新的，都要换杯。其实没必要，除非味道极特别的酒）。

最后记得评论喝过的酒。只要不是故意卖弄学问，而是恰到好处的点评，就会令朋友或客人印象深刻。工作职位、重要合同或梦中情人，都会离你越来越近。

侍酒师的重要作用

西班牙美食崛起并占据世界领先地位，无疑应归功于众多优秀厨师、酒庄主和美食制作大师，当然更加离不开最近悄然兴起的职业——侍酒师，他们负责酒店所有和葡萄酒相关的服务。

现在西班牙有很多侍酒师培训学校，其中最知名的是在西班牙商会推动下，由美食作家 Gonzalo Sol 和当时的校长 Adrián Piera 创办的学校。如今，西班牙侍酒师数量已超过法国，成为西班牙美食崛起的标志。他们都非常年轻，凭着对职业的热爱和丰富的知识，

相知相伴葡萄酒

Entender De Vino

成为了传播葡萄酒文化的使者。当他们走进原本没有这项服务的餐厅，奇迹就会出现：酒庄、酒单、酒杯、侍酒服务和餐酒搭配更加完美。对于他们以及开辟这条职业道路的先驱，如 Gustodio Zamarra、Luis Miguel Martin、Agusti Peria 或 Jesus Flores，西班牙酒庄庄主欠他们太多人情账。

第13章 如何读懂酒标

酒标是葡萄酒忠实的说明书，反映酒庄或酿酒师的个性特点；它不仅向消费者传递酒本身的信息，还是酒庄庄主与潜在顾客不可或缺的沟通媒介。

酒标的另一功能是体现法律规定。国家不同，内容也有所不同。

在欧盟，酒标必须标注葡萄酒生产国、法定产区、酒精度、年份、净含量（mL）。很多生产商将酿造工艺、品种和品尝建议等信息也涵盖其中。

欧洲法律将葡萄酒分成日常餐酒和特定产区优质葡萄酒（VCPRD）。现行标准规定，如果葡萄酒来自某一特定产区，必须在酒标中注明。

酒标所有信息都应有利于管理机构审核。例如，年份能判断某种酒理论上的收成，避免销量大于产量的造假现象。

前文已提及，欧洲相关法律法规对该行业干预过多，且制度陈旧，使很多法定产区在面对新世界——只要不是有意欺骗，他们可在酒标上标注任何信息——和欧洲其他优质餐酒时，窘态百出。

在西班牙，《2002 新葡萄园及葡萄酒法》替代了乏善可陈的《1970 葡萄园和葡萄酒规章制度》。新法因倡导自由化而大受欢迎，当然在罚款和质量控制等方面，仍有过度干预的老毛病，而且它凌驾于自治区法律法规之上。最出人意料的是，新法正式提出卡斯蒂亚 - 拉曼恰大区地方政府最先倡导的、设立"单一葡萄园认证"的建议，或在不同产区使用统一标识，这在今天仍遭到里奥哈、鲁埃达、杜埃罗河岸等产区的抵制，不利于西班牙品牌形成更强的国际竞争力。

备注

● 虽然有诸多法律规定，酒标任何时候都不能 100% 确保质量。

最好把它当作参考，只有专家才能给你更多相关建议。

● 注意酒的年份。这是一个非常重要的数据，因为没有哪两个年份是一样的。最近欧盟正式批准在餐酒酒标中加入年份和葡萄品种信息，相较于之前的禁令，这是很重要的进步。

● 不要过多注意酒标的形式。有很多品质一般的酒款，它的酒标和包装都很光鲜亮丽。

酒 标

西班牙酒标

与欧盟其他国家一样，西班牙葡萄酒理论上分为日常餐酒、地区餐酒和特定产区优质葡萄酒（VCPRD）。而且，西班牙也有很多优秀酒庄，酿制的葡萄酒质量上乘，但未能进入法定产区之列。总之，根据这些分级制度和质量等级，葡萄酒的官方定义为以下几种。

（1）日常餐酒。分级中较低的一级，有时优于级别更高的酒款。通常"日常餐酒"之后跟着产地名称。

（2）地区餐酒。介于日常餐酒和法定产区之间，目前处在不断上升的地位。最重要的特定产区酒是卡斯蒂亚 - 莱昂和卡斯蒂亚 - 拉曼恰，很多优秀酒庄都曾在此开发重要酒款。

（3）法定产区葡萄酒（D.O）。这个等级代表优质葡萄酒，但实际并非如此。此类葡萄酒应标明品种和产区。相当于法国的法定产区葡萄酒（A.O.C）和意大利的法定产区葡萄酒（D.O.C）。

（4）优质法定产区葡萄酒（D.O.C）。最符合官方严苛的质量和低价要求的葡萄酒。目前在西班牙只有里奥哈和普里奥拉特两个产区获得了该认证。相当于意大利的保证法定产区酒（D.O.C.G）。

西班牙 D.O. 产区制定了一系列术语，定义工艺不同的酒。以下就是根据里奥哈的标准所做的分类。

（1）新酒。指一年的葡萄酒，即最近一个收获季酿造的葡萄酒。包括未经陈酿的葡萄酒和其他在橡木桶中陈酿时间少于 12 个月的葡萄酒。

（2）佳酿。指酒庄陈酿 24 个月后上市的酒，其中至少有 12 个月是在橡木桶。白葡萄酒和粉红葡萄酒必须在酒庄陈酿 1 年，橡木桶至少 6 个月。

（3）珍藏酒。指酒庄陈酿至少 3 年的红葡萄酒，其中橡木桶陈酿至少 1 年。第 4 年上市。如果是白葡萄酒和粉红葡萄酒，时间可以缩短至 2 年，橡木桶桶陈 6 个月，剩下的时间用来瓶陈；第 3 年开始上市。

（4）特级珍藏酒。指桶陈 2 年、瓶陈至少 3 年的红葡萄酒。第 6 年才能上市。

阅读西班牙酒标

以图 13-1 中酒标为例。

① 格瑞昂侯爵（Marqués de Griñón）：葡萄酒品牌。绝大部分国家规定，必须在酒标中标注酒款商标或生产者名称。

② 产区：指某一地区，或某个"原产地认证法"认可的酒庄。

③ 2004：酒名（EMERITUS）和年份。用以确定最佳适饮期的重要信息。

④ 西班牙生产：所有酒标都必须注明原产国。一般情况下，用于出口的以英文标注。

⑤ 格瑞昂侯爵酒庄灌装：原产地灌装。这是非常重要的信息，因为如果出现违规或变质问题，灌装者将承担法律责任。有很多葡萄酒酿造者

把灌装的工作交给其他公司完成。生产者与灌装者并非同一家公司，也就不足为怪了。

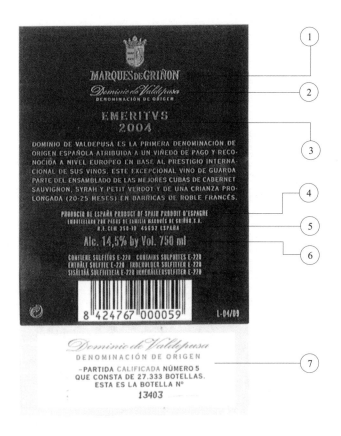

图 13-1　西班牙酒标

⑥ 酒精度 14.5%：酒精度。大部分国家规定注明酒精度。

⑦ 质量认证：地区管理机构证明原产地真实性的质量管控措施。既要标明批次序号，也要标明酒瓶编号，即限量版酒的编号。

背标由监管委员会制作后统一发给酒庄，必须含有监管委员会的公章、证明酒款出处的编号和等级信息（餐酒、珍藏或特藏）。背标编号使监管

委员会能对酒庄和认证产区的生产质量进行管控。

法国酒标

法国酒标有着严格的分级制度。和欧盟各国一样，它分别对应官方确定或理论上各种档次的葡萄酒。

（1）Vin de table（餐酒）：目前酒标上允许出现年份、品种和产地为法国的字样。按品牌出售，同时在酒标上标明生产者或罐装者地址。为了将这类酒同优质原产地认证（A.O.C）加以区分，在酒标上加注一个罐装编码，它的前两位数字即代表了部门编号。

（2）Vin de pays（国家酒）：相当于"地区酒"。它分为地区级 [如 Pays d'Oc，（Languedoc-Roussillon 产区）或 Jardin de la Francia（Loira 产区）]、省级（法国某个出产红酒的省份）和区域级（某个具体产区）。酒标上 "Vin de pays de…" 后面紧跟着地区名。每个产区都有一份可用品种清单，同时规定某些品种比例上限。根据规定，这类酒不得使用 "Château"（译者注：酒庄）和 "Clos" 的字样，但可以使用 "Domaine"。

Appellation d'origine contrôlée（A.O.C）（优质原产地认证）。相当于西班牙的 D.O.C 等级。定义 A.O.C 的目的是按照生产者和经销商协议，保持各地区葡萄酒的独特传统与品质。但同时要遵守区域及国家规定。

阅读法国酒标

我们来看两个法国最具代表性的地区：波尔多和勃艮第。

● 波尔多

以图 13-2 中酒标为例。

① Grand Vin：是否标注可根据个人意愿，但不要和其他代表高档次的名称，如 grand cru classé 混淆。1855 年，拿破仑三世在位期间召开世

界博览会，人们根据当时的市价，列出了波尔多优质酒庄名单，分第一至第五共五个等级。其他波尔多酒庄则根据后来的分级体系进行划分。

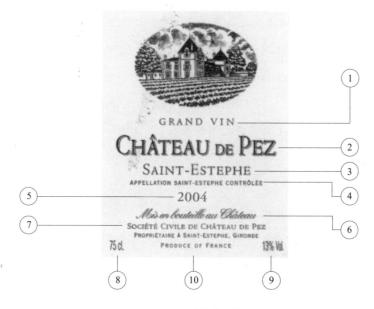

图 13-2　波尔多酒标

② Château de Paz：酒庄及酒款名称。为区别其他产区，波尔多地区的酒标上都印有酒庄图案。这些图案即代表了生产者的名字（商标）。

③ Saint-Estephe：原产地认证。

④ Appellation Saint-Estephe Controlée：波尔多产区又分为57个次产区，他们全都是 A.O.C. 等级。分三组：往西，加龙那河左岸，有索坦、巴萨克、格拉夫和梅多克次产区——它又分为梅多克 A.O.C，上梅多克 A.O.C、圣·爱斯台夫、圣·于连、波亚克、玛歌、莫丽斯、利斯特拉克等次产区；往东，右岸有利布奈次产区（圣艾米隆、波美侯、弗龙萨克 A.O.C），布尔坡和布拉伊坡；在加龙那河山谷和多尔多涅省之间，还有两海之间产区。

⑤ 2004：年份。

⑥ Mis enbouteille au château：在酒庄灌装。波尔多酒标的一些术语是与西班牙和周边国家不同的。比如 *négociant*（向批发商或大型葡萄酒超市售酒的），*négociant-éleveur*（葡萄酒生产者，同时也灌装和销售）和 *négociant-embouteilleur*（只进行灌装）。如果在酒庄完成灌装，则标注 *Mis en bouteille au Château/Domaine* 的字样，如果是由销售商灌装，则标注 *Mis en bouteille dans nos caves*。

⑦ Société Civiles de Château de Pez-Propiétaire à Saint-Estephe，Gironde：生产者 / 酒庄所有者的销售数据。

⑧ 75 cl：容量。

⑨ 13% vol：酒精度。

⑩ Produce of France：生产国。

● 勃艮第

勃艮第酒标式样五花八门，但制度规定却很完善，它很注重产地认证和生产者利益。它的葡萄园地位高于生产者，这不同于波尔多。以图 13-3 中酒标为例。

图 13-3　勃艮第酒标

① Musigny：葡萄酒名称。

② Grand cru：法国最高葡萄酒等级。在勃艮第，葡萄酒分四个等级：地区级、村庄级、一级葡萄园和特级葡萄园，后跟 *appellation contrôlée* 或 *appellation d'origine contrôlée* 字样。如果是特级庄，后跟第 3 条所列字样。在这种情况下，它肯定是 *appellation Musigny contrôlee* 特级庄，但要指出，有些酒标有不同表述，如，*Romanée-Conti/Appellation grand cru contrôlée*。在勃艮第，应使用 *Premier cru* 这个词，后跟认证产地名称。

③ Appellatión Musigny contrôlée：勃艮第的原产地认证体系非常复杂。只有生产高品质葡萄酒的产地才能获得，而质量不够好的酒庄不能使用"Borgoña 原产地认证"的字样。

④ Cuvée Vieilles Vignes：老藤精选。

⑤ Domaine Comte Georges de Vogüé：生产商名称。

⑥ Chambolle-Musigny（Côte d'Or）：原产地认证。

⑦ Réserve numérotée：灌装编号，一般为限量版。

⑧ Mis en bouteille au domaine par SD Comte Georges de Vogüe-Chambolle-Musigny，France：灌装在酒庄完成，标明酒庄一些商业信息。这条信息非常重要，因为灌装有可能在经销商处完成。

⑨ 2006：年份。

⑩ 13%vol：酒精度。

⑪ 750ml：容量。

⑫ Produce of France：原产国。

阅读德国酒标

德国酒标非常详细，包含大量信息，懂德语的人能从中找到所有相关信息。以图 13-4 中酒标为例。

图 13-4　德国酒标

① Friedrich-Wilhelm-Gymnasium：葡萄酒和酒庄名称。

② D-54290 Trier：地址。

③ 2005：年份。

④ Graacher Himmelreich Riesling Kabinett：前两个单词指葡萄园名称。第三个指葡萄品种。Kabinett 是一种天然甜酒。

⑤ alc. 8.5% vol：酒精度。德国葡萄酒的酒精度低于欧洲其他国家。

⑥ Qualitätswein mit Prädikat：不添加糖分的甜酒的普遍质量等级。

⑦ 750ml：容量。

⑧ A.P.Nr. 35610241496：该酒的官方认证号码。大写的 A.P. 表示 *Amtliche Prüfung*：官方检验。在德国，所有质量好的葡萄酒都要接受官方机构的检验。

⑨ Gutsabfüllung：在酒庄灌装。如果酒标上出现 *Erzeugerabfüllung* 的字样，说明该酒是由生产者灌装的。

⑩ Mosel-Saar-Ruwer：葡萄酒产区，属于德国现有 12 个产区之一。

⑪ Produce of Germany：原产国。

阅读意大利酒标

意大利保持了欧盟葡萄酒中"优质酒"和"餐酒"的区别。

Vino da tavola：相当于西班牙的日常餐酒。

Indicazione geografica típica（IGT）：相当于西班牙的地区餐酒。

Denominazione di origine controllata（D.O.C）：原产地认证葡萄酒。

Denominazione di origine controllata e garantita（D.O.G.C.）：严格按照规定酿制、官方认定"质量上乘"的葡萄酒。相当于西班牙的"优质原产地认证"。

意大利酒标经常用不同名称表示生产者。最常用的是 *azienda agricola, azienda vitivinicola, fattoria*，和 *tenuta*。*Cantina sociales* 表示合作社。

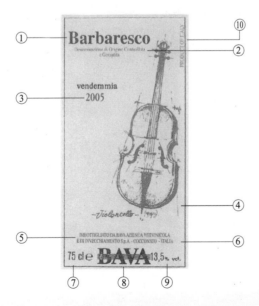

图 13-5 意大利酒标

相知相伴葡萄酒

Entender De Vino

以图 13-5 所示酒标为例。

① Barbaresco：D.O.C.G 产区，位于意大利北部皮埃蒙特 Piamonte 地区。

② Denominazione di origine controllata e garantita：意大利葡萄酒质量保证法定产区。

③ Vendemmia 2005：年份。

④ Violoncello：葡萄酒名称。

⑤ Imbottigliato da Bava azienda vitivinivola e di invecchiamento S.p.A.：在 Bava 酒庄灌装和瓶陈。

⑥ Cocconato-Italia：灌装地在意大利皮埃蒙特 Piamonte 产区。

⑦ 75 cl.e.：标准容量。

⑧ Bava：商标。

⑨ 13.5% vol：酒精度。

⑩ Product of Italy：原产国。

作者简介

卡洛斯·法尔考先生出生于西班牙塞维亚。他在比利时鲁汶大学获得农艺工程师学位，随后又在加州大学戴维斯分校深造。作为欧洲葡萄种植现代化及西班牙优秀酒庄葡萄酒酿造的领军人物，他率先将西拉、小维铎引入国内，还首次将赤霞珠和格拉西亚诺种植在卡斯蒂亚-拉曼恰大区。他位于托雷

多的瓦尔德普萨庄园，在整个欧洲范围内亦堪称引进新技术的典范：地表滴灌技术（1974年），地下滴灌技术（SDI，2000年），斯马特树形修剪技术（1994年），著名的局部根区灌溉技术（PRD，1999年），以及世界级葡萄种植技术——通过树干上的传感器确定水分变化及葡萄树生长状况（2000年）。

2003年，瓦尔德普萨庄园第一个获得单一酒庄原产地认证，而且得到了国家及大区双重认可。

1999年，卡洛斯先生出版了第一本著作（《认知葡萄酒》，Martínez Roca出版社），至今已再版十余次，获得数个国家及国际大奖，成为同类

题材畅销书。目前，他正在撰写另外一本关于初榨橄榄油及其历史的书《Oleum》。

卡洛斯先生既是格瑞昂侯爵酒庄有限公司董事长、瓦尔德普萨庄园所有人，同时也拥有专门生产庄园初榨橄榄油的 Oleum Artis S.A. 公司。

他参与数个优秀酒庄及美食协会，现任西班牙卓越酒庄联盟（由西班牙最好的酒庄组成的协会）主席，西班牙皇家美食协会副主席及卡斯蒂亚－拉曼恰美食协会主席，以及里奥哈、佩内德斯、波尔多、勃艮第和香槟地区葡萄酒联盟会员，曾获得 *Guía Peñín Magazine* 杂志（2004 年）及 *Verema.com* 网站（2006 年）葡萄酒年度先生称号。

2002 年，他开始生产格瑞昂侯爵庄园橄榄油，抗氧化榨取系统的使用，使他创造了业内真正的质量革新，堪称世界创举。卡洛斯先生是优秀橄榄油庄园联盟创始人之一，他的初衷即捍卫"高品质单一庄园橄榄油"的概念。

卡洛斯先生来自西班牙历史悠久的贵族家庭，拥有格瑞昂侯爵、卡斯特蒙卡约侯爵头衔，他的祖辈曾是西班牙王室成员，他继承大公头衔，而目前西班牙仅有 300 人享此殊荣。从 1292 年开始，他的家族及格瑞昂侯爵就与瓦尔德普萨庄园紧密联系在一起：它位于托雷多省 Pusa 河谷（塔霍河分支），有史以来就为瓦尔德普萨贵族所拥有。这里有一座 7 世纪的城堡，现居住着另一位家族成员。他与 Fátima de la Cierva 结婚，育有五子。长子 Manolo 与长女 Xandra（格瑞昂侯爵酒庄有限公司市场总监）为酒庄董事会成员。